Mohammed Olowoake

Gestão da construção para estudantes de construção

Mohammed Olowoake

Gestão da construção para estudantes de construção

ScienciaScripts

Imprint
Any brand names and product names mentioned in this book are subject to trademark, brand or patent protection and are trademarks or registered trademarks of their respective holders. The use of brand names, product names, common names, trade names, product descriptions etc. even without a particular marking in this work is in no way to be construed to mean that such names may be regarded as unrestricted in respect of trademark and brand protection legislation and could thus be used by anyone.

Cover image: www.ingimage.com

This book is a translation from the original published under ISBN 978-3-330-33135-8.

Publisher:
Sciencia Scripts
is a trademark of
Dodo Books Indian Ocean Ltd. and OmniScriptum S.R.L publishing group

120 High Road, East Finchley, London, N2 9ED, United Kingdom
Str. Armeneasca 28/1, office 1, Chisinau MD-2012, Republic of Moldova, Europe
Printed at: see last page
ISBN: 978-620-8-19826-8

MOHAMMED OLOWUAKE

Índice

Prefácio

Este livro é útil para os estudantes de gestão da construção, especialmente a nível universitário. Aborda em pormenor o planeamento de projectos de construção, a produção de construção, a gestão da construção, o acompanhamento e a avaliação dos trabalhos de construção em curso e a conclusão prática dos projectos. O livro examina o papel dos trabalhadores da construção civil no planeamento, execução do projeto, entrega do edifício ao cliente e manutenção. O livro examina algumas das principais ferramentas de entrega de projectos, tipos de contratos, organização do local, rotação de mão de obra, técnicas de gestão baseadas na teoria X e Y, princípios de acordo de desempenho entre empregados e empregadores e o papel dos trabalhadores da construção após um concurso bem sucedido.

Reconhecimento

Estou sinceramente grato a Modupe e Mariam Adetutu por dactilografarem o manuscrito. Agradeço também aos meus colegas por terem lido o manuscrito. Obrigado a todos,

Dr (Bldr.) Olowoake Mohammed
+2348037180151

Prefácio

Este livro, da autoria do meu colega, Dr. Olowoake Mohammed, será útil a todas as categorias de estudantes de gestão da construção. Por isso, recomendo o livro para ser utilizado pelos trabalhadores da construção nos círculos académicos e não académicos da gestão da construção, especialmente os estudantes HND, BSC e MSC.

Dr. Paul Coffey
Universidade de Salford,
REINO UNIDO

Capítulo Um: Gestão de projectos

Um projeto é uma série de actividades destinadas a alcançar um resultado específico dentro de um orçamento e de um prazo definidos. Um projeto é um esforço humano com pontos de partida e de chegada bem definidos. Quando se embarca num projeto, é preciso ser claro quanto aos objectivos, estar orientado para os processos, atribuir dinheiro para a execução e cumprir os prazos. Pode acrescentar-se que é possível iniciar um projeto sem se dar conta, por exemplo, trabalhando numa comissão ou numa equipa fora das funções oficiais normais, dentro de um prazo e com um objetivo claro.

Além disso, um projeto não tem necessariamente de ser de natureza complexa, por exemplo, pintar um quiosque é um projeto tão importante como construir um edifício inteiro. No entanto, alguns trabalhos de rotina podem ser realizados como parte de um projeto, uma vez que aumentam significativamente a eficiência. Para definir corretamente um projeto, há cinco etapas a seguir, que não são significativamente diferentes umas das outras. As fases da definição do projeto incluem: Fase de iniciação, planeamento do âmbito do projeto, definição do âmbito do projeto, revisão do âmbito do projeto e controlo das alterações ao âmbito do projeto.

Fase introdutória

Nesta fase, é formalmente reconhecido que existe um novo projeto ou que um projeto existente deve ser continuado na fase seguinte. Esta iniciação formal liga o projeto ao trabalho em curso da organização executora.

Os principais aspectos a considerar incluem: a necessidade real do projeto, formas alternativas de satisfazer a necessidade, o produto a ser produzido, quem precisa do produto - os utilizadores, quem é o cliente - o empregador, e formas alternativas de produzir o produto **A relação entre a necessidade e o produto**
O produto cumpre os requisitos?; o projeto enquadra-se no plano estratégico global; e a aprovação do projeto.

Planeamento da escala

Este passo marca o início das actividades de iniciação; dependendo do método de definição e do nível de detalhe, também pode simplesmente documentar a fase de iniciação. Também confirma a conclusão da fase de iniciação e descreve o plano de gestão para alcançar os objectivos do projeto.

Os resultados mais importantes são::

Uma declaração do âmbito é um documento que pode ser utilizado como base para futuras decisões e para confirmar ou desenvolver um entendimento comum do âmbito do projeto entre as partes interessadas.

Controlo das alterações ao âmbito do trabalho

Estes incluem: Influenciar os factores de mudança para garantir que a mudança seja benéfica, reconhecer que a mudança é em grande escala e gerir a mudança real se e quando ocorrer.

Administração

Olowoake (2004) define a gestão como um processo social que envolve a responsabilidade pelo planeamento e regulação eficazes das actividades de uma organização, o que inclui o seguinte Estabelecer e manter procedimentos para garantir que os planos são seguidos, e dirigir, integrar e supervisionar o pessoal que compõe a organização e realiza as suas actividades. A gestão aborda a questão da adaptação à mudança e à alteração das condições e fornece várias formas de medir, analisar e testar que constituem a base do conhecimento científico.

Os temas mais importantes da gestão organizacional incluem Análise de funções, estrutura organizacional, relações laborais, controlo orçamental, análise de investimentos e estudos de mercado. O nosso debate sobre a gestão estaria incompleto se não mencionássemos também os elementos básicos da gestão.

Henry Fayol (1908) descreve os elementos da gestão como sendo os seguintes: Planear, organizar, liderar, comandar, coordenar, controlar, orçamentar e contratar. Como todos sabemos, o planeamento pode ser dividido em previsão e planeamento.

Previsão

Trata-se de tomar decisões que afectam o futuro e de ter em conta as condições que devem ser consideradas antes de se fazer a previsão. São tidos em conta a natureza e o nível futuros da procura de produtos. As previsões são feitas, em parte, com base em análises e interpretações dos factos disponíveis e, em parte, com base em conjecturas, o que envolve frequentemente um elemento de análise inconsciente. A vida de um gestor é como a arte de tirar conclusões suficientes a partir de suposições insuficientes.

Planeamento

O planeamento depende da previsão para determinar corretamente os objectivos de uma pessoa e para garantir que os meios para os alcançar estão disponíveis. O planeamento consiste em tomar decisões sobre o que fazer e em resolver os problemas práticos associados à execução dessas decisões. Os planos são elaborados com base numa escala temporal, pelo que existem planos a longo, médio e curto prazo.

Planeamento a longo prazo: É possível se a autoridade da gestão for suficiente para olhar para o futuro. Isto explica a excelência na gestão.

Viagem de negócios

O objetivo é criar um elevado nível de moral entre os participantes no projeto e incutir um sentido de propósito e entusiasmo pelo trabalho.

Coordenação

A gestão garante que cada fator da atividade está relacionado com os outros. Uma coordenação eficaz da gestão depende de um equilíbrio adequado entre a comunicação e o controlo no seio da organização.

Controlo

Em termos práticos, a gestão significa acompanhamento e controlo. Implica o estabelecimento de normas para o desempenho de uma determinada função e a comparação dos resultados obtidos com essas normas.

Breve descrição das fases do projeto

Método de determinação

Alterar o processo de definição:

Isto pode ser conseguido registando a sua compreensão do projeto e dando uma resposta. Assuma a liderança no processo de identificação, ouvindo e interpretando a informação resumida, por exemplo, pergunte a si próprio e dê as suas próprias

respostas: Em que projectos estou atualmente envolvido, A minha organização já tentou fazer mudanças que têm mais probabilidades de ser bem sucedidas se forem implementadas como um projeto?
-Seria mais eficiente se tratasse certas tarefas como parte de um projeto? E - As técnicas de gestão de projectos podem ajudar-me a tornar-me mais eficiente?

B. Determinar a necessidade real

Fazer perguntas para clarificar as necessidades e os requisitos do projeto: Quem são os utilizadores finais do projeto, porque é que o projeto é importante para os utilizadores, ou seja, os objectivos do projeto, que recursos humanos e materiais são necessários para iniciar e concluir o projeto e quais são os critérios de conclusão, quanto dinheiro, pessoal, materiais e maquinaria são necessários para iniciar e concluir o projeto em termos de qualidade e quantidade.

C. Definir o produto final

As principais caraterísticas incluem: Qualidade - determinada pela composição do material, o público-alvo, o objetivo para o qual foi concebido **D. Definir os critérios para a conclusão do projeto**

Inclusões ou exclusões; critérios de cumprimento ou satisfação;
Obrigatório ou facultativo; e pressupostos

E. Determinação dos recursos disponíveis

Dinheiro, tempo, requisitos específicos do projeto, informação baseada em dados, equipamento e pessoal. Análise de produtos concorrentes; seleção de produtos; avaliação de tecnologias; abordagem de desenvolvimento

Verificar informações de várias fontes

Custos ou benefícios, riscos ou impactos, limitações e oportunidades futuras

Avaliar o risco do desconhecido: funções e responsabilidades técnicas, prioridades do projeto, interfaces, circunstâncias organizacionais e pessoas - a equipa de gestão do projeto.

Identificação dos recursos necessários para a realização do projeto

Dinheiro, tempo, informação, pessoas, competências especiais, equipamento, materiais, ambiente e energia

Definição das responsabilidades e dos canais de comunicação

Quem é o cliente? Quem são as outras partes envolvidas? Que funções desempenham e quem responde perante quem? Quem é a autoridade final do projeto?

Definir prioridades para o projeto

Em termos de tempo, custos e qualidade

Definição de prioridades tendo em conta os condicionalismos

Restringir, otimizar e abraçar.

Quadro: 1Priorização em função dos condicionalismos

	Tempo	**qualidade**	**Dinheiro**
Restrição			
Otimizar			
Aceitar			

Esboço da metodologia de implementação: acordo sobre um processo de gestão da mudança; desenvolvimento de uma declaração de missão **Competências necessárias**

Competência na área de trabalho relevante: capacidade de conduzir entrevistas; boa capacidade de comunicação; rigor; capacidade de manter registos e documentação.

A. Falta de clareza ou ideias de sonho; Descrever o resultado em pormenor para suscitar uma resposta; Dar exemplos específicos para reforçar as ideias.

B. Vários clientes de projectos; Proposta de formato de relatório Organizar os seus clientes; e

C. Alterações frequentes das especificações do projeto; documentação de todas as alterações; descrição do impacto das alterações nos custos, no tempo e na qualidade

Identificação das caraterísticas mais importantes dos projectos

Caraterísticas	**Atenção**
Identificar o início e Conclusão do projeto	Alguns projectos repetem-se frequentemente mas não podem ser classificados como trabalhos em curso porque têm um ponto de partida e um ponto de chegada claros. As rotinas não são projectos porque são repetitivas e não têm um fim claro para o processo.
Plano organizado. Planeado , é utilizada uma abordagem metodológica para a execução do projeto	Um planeamento adequado garante que o projeto seja concluído a tempo e dentro do orçamento e que os resultados esperados sejam alcançados. Um plano eficaz é um modelo
Objectivos.	que contém a gestão do projeto e uma descrição pormenorizada do trabalho a realizar.
Recursos selecionados: Projectos Utilizar o tempo, o pessoal e o dinheiro como entender	Alguns projectos estão fora do curso normal da atividade, outros estão dentro, mas todos requerem recursos dedicados. Trabalhar com os recursos acordados é crucial para o sucesso.
Trabalho em equipa Normalmente, é necessária uma equipa de funcionários para a realização dos projectos.	As equipas de projeto são responsáveis pela implementação do projeto e ficam satisfeitas quando atingem os seus próprios objectivos e, ao mesmo tempo, contribuem para o sucesso da empresa como um todo. Os projectos oferecem novos desafios e experiências aos trabalhadores.

Objectivos definidos Projectos em Resultados em termos de qualidade e Desempenho	Um projeto conduz frequentemente a uma nova forma de trabalhar ou à criação de algo que não existia anteriormente. Devem ser definidos objectivos para todos os participantes no projeto.

Capítulo 2: Determinação das prioridades do projeto

Se a sua organização está a gerir vários projectos em simultâneo, é necessário avaliar qual o projeto mais importante do que os outros, a fim de atribuir tempo, pessoal e recursos materiais de forma sensata, procurar aconselhamento junto de pessoas-chave e utilizar a disciplina do plano diretor para estabelecer prioridades de forma eficaz. **Definição de prioridades**

Ao definir eficazmente as prioridades, todos os projectos em curso podem ser concluídos com êxito.

Tendo em conta o valor de

Antes de iniciar um novo projeto, deve considerar o número de funcionários e os recursos de que o projeto necessita para atingir os seus objectivos.

O seu objetivo é orientar os recursos da sua organização para os projectos que trarão os maiores benefícios para os seus resultados. Discuta o seu próprio projeto com o seu superior hierárquico e o principal consultor/iniciador do projeto, por ordem de importância. Realizar reuniões de consulta com os membros da equipa do projeto. A complexidade do projeto determinará a importância de pedir a opinião dos outros antes de definir as prioridades.

Planeamento de projectos

Para decidir quais os projectos a que deve dar prioridade, crie um formulário designado por **plano diretor?** Nesta fase, não é necessário listar todos os recursos em pormenor, mas deve anotar os seus custos aproximados. Desta forma, pode identificar onde existe uma sobreposição de projectos e confirmar ou negar a viabilidade de um novo projeto. Por exemplo, se uma grua for necessária para dois projectos ao mesmo tempo e só tiver uma disponível, deve reprogramar um projeto de modo a que a grua esteja disponível para ambos os projectos.

Carregador baixo	0	1	2	2	0	0	0
Grua pesada	0	0	1	2	0	0	0

Criação de um calendário geral

Crie uma série de colunas mensais (ou semanais para projectos complexos) no lado direito do formulário. Enumere todos os seus projectos actuais, com detalhes que incluam

Project	JAN	FEB	MAR	APR	MAY	JUNE	JULY
Project 1	←			→			
Project 2		←				→	
Project 3				←			→
Resources							
Project manager	1	2	2	3	2	2	1
Engineers	2	4	4	5	4	2	0
Installation staff	0	3	3	4	2	2	1
Computers	3	5	5	7	4	3	2

Quadro 2.1: **Calendário geral**

os recursos (pessoal, equipamento, materiais) que pensa necessitar.

Coisas para fazer

Decida quais os projectos que têm maior valor potencial para a sua empresa; aconselhe-se com o seu chefe ou defensor do projeto em caso de dúvida; crie um plano global para determinar quais os recursos necessários para cada projeto; e redefina as prioridades se houver conflitos com os recursos disponíveis.

Definir prioridades e objectivos

Todos os projectos têm uma lista de objectivos, e nem todos os objectivos são igualmente importantes para a sua organização. Dê-lhes prioridade de 1 a 10, sendo 1 o menos importante. Também será óbvio quais os objectivos que são importantes e quais os que não são, mas a atribuição de prioridades aos objectivos intermédios será menos óbvia. Discuta e chegue a acordo com a equipa. Em seguida, estabeleça objectivos, como o aumento da produtividade em 50%. Por exemplo, se o seu objetivo é melhorar a qualidade do trabalho e a métrica se baseia nos comentários negativos dos peritos em desempenho, deve contar o número de comentários negativos recebidos até à data e estabelecer uma meta para os reduzir.

Quadro 2.2: **Decisão sobre o foco do projeto**

Objetivo	Indicador	P	Em curso	Objetivo
Melhorar a qualidade do trabalho Educação	Melhorar a qualidade do trabalho efectuado	100	50	90
Melhoria da gestão do sítio	Redução do tempo necessário para operar o sistema	52	52 Seman as	46 semanas
Melhorar Velocidade de decisão	Reduzir o tempo de resposta aos pedidos de informação do sítio Web	6	4 dias	2 dias durante a semana

Melhoria da oferta de materiais de alta qualidade	Qualidade na transformação	100	60	95

A tabela acima mostra quais os aspectos do projeto que exigem mais esforços e recursos. Nota: Objetivo: A principal meta que determina o sucesso do projeto; Indicador: Mede o sucesso do objetivo; Prioridades; Prioridade-alvo; Atual - estado atual de implementação; Meta - estado desejado de implementação.

Controlo eficaz da gestão de projectos do início ao fim

Bamisile (2004) afirmou que a gestão eficaz de projectos pode ser eficiente em termos de custos quando envolve a criação de um ambiente que promova a auto-motivação e o espírito de equipa necessários para uma execução bem sucedida e eficiente do projeto. No entanto, para uma gestão eficaz do projeto pela equipa de produção, os seguintes factores devem estar devidamente equilibrados:

A Utilização de pessoas adequadas

É muito importante que os empreiteiros que trabalham em projectos, especialmente em projectos de construção de edifícios, coloquem o cavalo certo na estrada certa, ou seja, pregos redondos em buracos redondos. A utilização do nome e/ou referência do representante do empreiteiro no local como engenheiro ou diretor de obra, especialmente em projectos de construção, é um ERRO na construção em geral e na gestão do processo de produção da construção em particular. Em todo o mundo, especialmente no Reino Unido, na Austrália, no Canadá, na África do Sul e noutros países, os representantes de projectos de construção encomendados são sempre referidos como "SITE MANAGER" ou "CONSTRUCTION MANAGER" ou "PROJECT MANAGER". O Chartered Institute of Building London, o berço de outras organizações profissionais de construção no mundo, utiliza o título "Construction Manager", razão pela qual também chama à sua revista oficial "Construction Managers". Além disso, os gestores de construção têm de ter as suas próprias áreas de especialização num projeto de construção, uma vez que a especialização leva à especialização em áreas fundamentais como: Subestrutura e Trabalhos Externos, Trabalhos em Betão, Trabalhos em Aço Estrutural, Design de Edifícios, Controlo de Recursos e outros.

B Notificação

Devem ser estabelecidas linhas formais de comunicação e todas as partes devem ser informadas desde o início do projeto. Para evitar a divulgação de informações incorrectas, a comunicação no local deve ser canalizada através do representante sénior do empreiteiro (ou seja, o gestor sénior do local) e/ou do empreiteiro residente. Lembre-se que informações inexactas podem levar a atrasos e obras dispendiosas. A comunicação no local pode assumir a forma de instruções verbais ou escritas.

As instruções verbais são muito populares porque dão respostas imediatas aos problemas e podem ser adaptadas durante a discussão. No entanto, podem ser imprecisas, facilmente incompreendidas ou dadas por pessoas não autorizadas.

Instruções escritas As alterações e os aditamentos à informação de produção devem ser imediatamente autorizados por uma ordem do coordenador do projeto. Embora as instruções escritas estejam associadas a um certo atraso, fornecem uma visão mais clara dos requisitos.

C Equipamento

A piquetagem é o processo de identificação das partes críticas e dos pontos de controlo da estrutura utilizando um instrumento de topografia menos sensível ou preciso. Um topógrafo ou gestor de obra (subestrutura) é a pessoa mais suscetível de ser responsável pela definição das estruturas no local.

D Coordenação

Trata-se de reunir os membros individuais de uma equipa de projeto e unir os seus esforços para trabalharem em harmonia. Para tal, é necessária uma rede de comunicação eficaz, tanto verbal como escrita. A coordenação é melhor conseguida através dos seguintes mecanismos: Relatórios de obra, reuniões semanais, reuniões com subempreiteiros, reuniões mensais de obra, reuniões de avaliação da qualidade, reuniões de saúde e segurança e revisões de projeto.

E. Utilização de painéis de simulação e amostragem

Para implementar o plano de gestão da qualidade para o projeto, devem ser produzidas ou fornecidas maquetas e amostras de painéis no início de cada operação, sempre que possível, para apoiar o seguinte: Estabelecer um registo permanente da qualidade exigida; Determinar o grau de aceitabilidade do elemento ou componente acabado; Ajudar a determinar os métodos de construção e tolerâncias ideais; Ajudar a avaliar a habilidade dos trabalhadores; Destacar áreas que requerem atenção especial durante a construção e instalação de componentes; Destacar questões não resolvidas com a capacidade de construir e manter a capacidade e, portanto, áreas de possível melhoria nos desenhos e detalhes do projeto / trabalho.

F. Sistema progressivo

Este sistema ajuda a rever e a registar os progressos em relação às necessidades planeadas e a clarificar quaisquer pontos que possam sofrer atrasos ou atrasos, a fim de cumprir o plano ou voltar ao bom caminho. O Gestor de Planeamento e Recursos é responsável pela marcação regular dos programas. Os gráficos e objectivos do sistema de alerta precoce mostram claramente o progresso. O programa de construção deve ser avaliado mensalmente nas reuniões do local e os resultados devem ser incluídos nos relatórios mensais do gestor sénior do local.

Controlo dos custos

Como todos sabemos, o controlo dos custos do projeto é da exclusiva responsabilidade do orçamentista principal do projeto. No entanto, a conclusão bem sucedida dos projectos de construção, medida em termos de qualidade, tempo e custo, é da responsabilidade global do gestor de projeto sénior - num projeto de construção, este deverá ser o cliente. Por conseguinte, o cliente tem a responsabilidade geral pelo controlo dos custos no local e deve trabalhar em estreita colaboração com os orçamentistas para garantir que todos os recursos são utilizados de forma sensata para conservar o orçamento de construção do projeto.

Coordenação dos trabalhos mecânicos e eléctricos

A coordenação correta e adequada de todos os trabalhos de instalação mecânica e eléctrica no local é da responsabilidade direta dos coordenadores mecânicos e eléctricos e dos seus assistentes acreditados. Trata-se de uma outra forma de controlo do projeto e é da responsabilidade do diretor da obra (cliente) garantir que tudo corre bem. Por conseguinte, o dono da obra deve acompanhar de perto as actividades dos coordenadores mecânicos e eléctricos, que são engenheiros mecânicos e engenheiros electrotécnicos. Ambos respondem perante o diretor de obra do projeto de construção, tal como os orçamentistas num estaleiro de construção. Por último, os gestores de obra (clientes) desempenham um papel importante na coordenação correta e eficiente dos trabalhos de instalação mecânica e eléctrica nos projectos de construção e devem trabalhar em estreita colaboração com os coordenadores mecânicos e eléctricos.

Problemas frequentes durante a execução do projeto

Com base nas considerações anteriores, os projectos podem ser realizados de forma ineficaz se ocorrerem os seguintes problemas gerais

1 Técnica

Incompetência técnica, estratégia de implementação ineficaz e um projeto que ultrapassa o âmbito das capacidades técnicas disponíveis

2 Definição

Não reconhecimento de que a execução do projeto é essencialmente um processo de gestão do risco; falta de uma mentalidade vencedora partilhada; falta de liderança, empenho e patrocínio; expectativas diferentes do contratante ou do cliente; má remuneração; falta de compreensão por parte do cliente.

3 Organizacional Financiamento insuficiente; estrangulamentos de liquidez; deficiências estruturais; estrutura organizacional inadequada; estratégia de pessoal deficiente

Lealdade aos departamentos e/ou grupos profissionais; falta de uma liderança clara

E alguns clientes

4 Ambiente

Flutuações de preços; instabilidade laboral; legislação, medidas fiscais e escassez de competências

Falta de competências de gestão de projectos

1 Definição do projeto

Falta de uma definição clara do projeto; alteração dos objectivos do projeto; o contratante e o cliente têm objectivos diferentes

2 Planeamento

Compreensão incorrecta da complexidade do projeto; afetação inadequada de pessoal; afetação inadequada de recursos; planeamento deficiente do tempo; estimativa deficiente dos custos

H. Controlo

acompanhamento inadequado do projeto, falta de controlo mensurável e -

resposta deficiente às mudanças

I. **A falta de liderança partilhada inclui:**

Planeamento inadequado devido a uma utilização deficiente dos recursos, a um planeamento deficiente por parte dos gestores, a uma coordenação deficiente entre o pessoal-chave do projeto, a uma comunicação deficiente entre os participantes no projeto, à falta de formação formal em gestão e a um excesso de compromissos por parte da equipa do projeto

Capítulo 3: Planear um projeto de construção

O objetivo do planeamento é fornecer uma orientação para a sequência das actividades, tendo em conta os recursos disponíveis. O planeamento é o processo de decidir antecipadamente o que deve ser feito e como deve ser feito. Inclui o processo de definição de objectivos globais, a identificação de resultados-chave e o estabelecimento de metas específicas, bem como o desenvolvimento de estratégias, programas e procedimentos para atingir essas metas.

Um plano detalhado e abrangente orienta o projeto e é um documento que define os objectivos gerais, as actividades, os recursos necessários e os prazos. É muito importante que todas as partes interessadas no projeto estejam plenamente informadas sobre o plano e o apoiem quando são feitas alterações. Um projeto é uma série de actividades pontuais que são realizadas com objectivos ou resultados específicos dentro de um orçamento e de um calendário definidos. Um projeto tem um ponto de partida e um ponto de chegada claros, um conjunto de objectivos e uma sequência de actividades entre eles, com custos, tempo e qualidade sempre limitados até certo ponto.

Planear o projeto

Independentemente de o projeto ter sido iniciado por si ou de ser o próprio a iniciá-lo, o primeiro passo no planeamento de um projeto deste tipo é chegar a acordo sobre a visão do projeto, a fim de definir exatamente o que deve ser alcançado. Para tal, é necessário chegar a um acordo com os membros da sua equipa principal e com as pessoas interessadas nos resultados do projeto, as chamadas partes interessadas. Com uma visão definida, será possível estabelecer objectivos, acordar acções e recursos, organizar e programar tarefas e, finalmente, validar o plano com todas as partes interessadas e obter a sua adesão. Um plano tem três caraterísticas: Em primeiro lugar, deve ser orientado para o futuro; em segundo lugar, deve ser orientado para a ação; e, em terceiro lugar, deve incluir um elemento de identificação pessoal ou organizacional ou de causa e efeito. O curso de ação futuro do projeto é desenvolvido pelo gestor de planeamento ou por outras pessoas designadas na organização.

A natureza prospetiva do planeamento implica que a previsão é uma parte importante do processo, pelo que devem ser envidados esforços conscientes para antecipar o clima tecnológico, económico, político e social da organização, o que ajuda o gestor do planeamento a evitar falhas previsíveis que poderiam revelar-se desastrosas. No entanto, uma abordagem científica do planeamento da produção começa com uma análise completa do trabalho até às suas componentes mais pequenas, centrando-se na quantidade e qualidade dos materiais, da mão de obra, das instalações e do equipamento.

Planeamento de políticas

Para sobreviver, uma empresa deve avaliar as tendências, os mercados e as finanças de forma prospetiva. A política de uma empresa deve abranger os seguintes pontos, que devem ser definidos por escrito: Objectivos da empresa; estrutura financeira; calendário; operações comerciais gerais; aquisições com referências a recrutamento ou compras; administração: políticas de pessoal -

formação, promoção, benefícios de reforma e outros.

Planear antes de apresentar uma oferta

Elaborar estimativas de custos competitivas, recolher todos os factos possíveis e verificá-los de forma crítica. Para minimizar o risco de decisões incorrectas, deve ser solicitado o parecer de peritos dos serviços competentes. Além disso, devem ser incluídos procedimentos de planeamento pré-concurso para garantir que todas as informações e factos são recolhidos em tempo útil. Os procedimentos pré-concurso incluem: Relatório de pré-licitação (visita ao local); descrição do processo; plano de equipamento; organização do local e custos do local; subcontratos e fornecedores; programa de amostragem; estimativa de custo final (para decisão do Conselho de Administração). O departamento de planeamento é responsável pela realização das visitas ao local e pela elaboração do relatório de pré-licitação: Local; Subsolo; Serviços; Mão de obra; Basculantes; Subempreiteiros locais; e outros pormenores específicos.

Instrução processual

Este define a forma como o projeto deve ser realizado e quais as instalações e equipamentos a utilizar. Cada operação deve ser analisada de modo a otimizar a utilização dos recursos. Deve ser verificado se é necessário o método de produção mais económico ou mais rápido.

Plano de exploração da fábrica

Isto acontece logo que as instruções do processo tenham sido finalizadas e que tenha sido elaborada uma visão detalhada de todas as instalações e equipamentos necessários para o projeto.

Organização do sítio e custos

Trata-se das despesas gerais associadas ao projeto, tais como o pessoal necessário para gerir o projeto, estradas e vedações temporárias, quiosques, escritórios e lojas, eletricidade e água, telefone e gás.

Subcontratantes e fornecedores

Durante a fase de preparação do concurso, deve ser elaborada uma lista completa dos subcontratantes e fornecedores necessários.

Programa geral

É também conhecido como plano de pré-concurso e deve ser elaborado imediatamente após a receção da estimativa de custos. Descreve o trabalho principal e o trabalho dos subcontratantes. Permite a todas as partes envolvidas na preparação do concurso coordenar as suas actividades e estimar o tempo necessário para o funcionamento do equipamento, a utilização das caixas de estaleiro e a duração da presença dos supervisores no local.

Estimativa final

Uma vez disponíveis todos os dados necessários, o orçamentista pode determinar o preço dos itens individuais da lista de quantidades, estimando não só os custos diretos de mão de obra e materiais, mas também os custos indirectos, como o pessoal de supervisão do local, despesas gerais e outros. Uma vez finalizada a estimativa, o orçamentista apresenta um resumo da estimativa aos responsáveis pela finalização do concurso, como o conselho de administração ou o diretor da obra, para aprovação ou rejeição. Uma vez finalizado e verificado, o orçamento é aprovado e apresentado; está agora pronto para ser apresentado como proposta. Uma vez recebido pelo arquiteto, o orçamento é designado por orçamento contratual quando o adjudicatário é selecionado.

Planeamento pré-contratual

Depois de um empreiteiro ter apresentado uma proposta e assinado um contrato, dispõe de um curto período de tempo para se preparar, organizar os seus recursos e começar a trabalhar no local. Este período é conhecido como período pré-contratual e depende da dimensão e da natureza do projeto. O gestor de projeto reúne-se principalmente com o arquiteto, o cliente, o departamento de planeamento e outras partes da organização.

Vantagens de um concurso preliminar sólido

Planeamento: Deve ser criada uma base de informação sólida sobre a qual possam ser efectuadas análises detalhadas e exaustivas dos dados e desenvolvidos os planos necessários. Os principais pontos a considerar nesta fase são: a disposição e a organização geral do local, a determinação final das necessidades de mão de obra e de equipamento e a preparação do programa do contrato.

Programa para os contratos

É utilizado para efeitos de controlo e garante que o projeto é concluído dentro do prazo especificado. Quanto mais complexo for o trabalho, mais difícil será criar um contrato-programa.

Trata-se de um plano global que indica a todos os participantes no projeto o que deve ser feito, quando deve ser feito e por quem deve ser feito. O projeto de programa criado durante a fase de preparação do concurso é utilizado para criar o plano global detalhado.

A sua utilização conduzirá certamente a economias de dinheiro e de tempo durante o projeto.

Planeamento de projectos de construção

O planeamento da construção consiste em realizar um projeto de construção dentro de um prazo compatível com os custos. O empreiteiro deve informar o cliente e os seus consultores profissionais sobre o método de trabalho previsto, as datas de conclusão ou de entrega, e os fornecedores e subempreiteiros devem ser notificados se os seus bens e/ou serviços forem necessários. O dono da obra deve também saber quais serão as suas obrigações futuras em termos de materiais, mão de obra, pessoal, instalações e equipamentos. No entanto, é essencial que haja tempo suficiente para um planeamento adequado do método, da sequência do trabalho, da segurança, da informação necessária para a produção, da encomenda de materiais e da preparação de um programa equilibrado antes do início dos trabalhos no local. O tempo necessário para o planeamento da construção depende naturalmente da dimensão e da natureza do projeto. Quer o projeto seja grande ou pequeno, simples ou complexo, nunca é demais sublinhar a necessidade de planeamento da construção.

Figura 3.1: Desenho do projeto de construção

Depois de o processo de concurso ter sido bem sucedido e o contrato ter sido adjudicado a uma empresa, começa o verdadeiro trabalho de gestão do projeto. Antes da assinatura dos documentos contratuais, estes devem ser verificados jurídica e tecnicamente para garantir que:

1 São apresentados os desenhos que foram enviados com os documentos do concurso.

2 As datas, sanções, etc. indicadas no anexo correspondem às datas indicadas na documentação do concurso.

3 As facturas foram corretamente copiadas das facturas inicialmente apresentadas. Alterações ou excepções ao formulário-tipo do contrato que não tenham sido efectuadas

4 As condições de seguro foram especificadas na documentação do concurso. As disposições relativas à conclusão faseada ou parcial das obras devem constar da documentação do concurso

5 Os prazos de pré-aviso e as taxas aplicáveis aos promotores imobiliários e às autoridades locais não sofreram alterações.

6 Os documentos de gestão da produção farão parte do caderno de encargos.

Tarefas a realizar após a primeira reunião de adjudicação

Todos os projectos de construção, independentemente da sua dimensão e duração, devem ser devidamente planeados e geridos desde a fase de concurso. O período entre a adjudicação do contrato e o início dos trabalhos no local é conhecido como o período de mobilização e deve ser plenamente utilizado, começando com a reunião de análise do documento de concurso e da proposta. A primeira reunião deve resultar numa série de tarefas que têm de ser concluídas quase imediatamente, nomeadamente

1 Seleção da equipa de construção para o estaleiro e do pessoal do escritório

2 Pré-encomendas de todos os materiais que são escassos, têm prazos de entrega longos e/ou podem levar a preços mais elevados, por exemplo, acessórios para

cimento, equipamento de elevação, etc.

3 Contactar as autoridades relativamente às suas necessidades e organizar a ligação de serviços como a eletricidade, o telefone, a água, os esgotos, etc.

4 Obter um "plano de aprovação de materiais" do coordenador do projeto relativamente à utilização de "adiantamentos de materiais" (se aplicável)
Elaboração de garantias e apólices de seguro de acordo com as necessidades do cliente

5 Criação de um quadro de fluxo de caixa autêntico e especificação das etapas de pagamento

Avaliação dos contratos Introdução

A análise e a verificação dos documentos do contrato são da responsabilidade do departamento de planeamento central ou do gestor de construção sénior (construtor) sob a direção do gestor/diretor do contrato. No entanto, a avaliação do contrato inclui a revisão e a consideração de documentos informativos, tais como desenhos, calendários, especificações, declarações de trabalho e condições contratuais antes da preparação das versões finais dos documentos de gestão da produção.

Desenhos e esquemas

Os desenhos e planos nem sempre estão totalmente disponíveis na fase de adjudicação do contrato, pelo que a fase de mobilização proporciona uma maior oportunidade para começar a manter um registo exaustivo dos desenhos. Todos os desenhos e planos são introduzidos no registo pela ordem em que são recebidos e por ordem sequencial. Além disso, um registo da distribuição de cópias é muito importante, especialmente se tiverem sido recebidas cópias corrigidas. Todos os desenhos e planos disponíveis devem ser cuidadosamente verificados, todas as referências devidamente verificadas e quaisquer detalhes em falta devem ser registados para inclusão no Registo de Requisitos de Informação (IRS).

Dados técnicos

Todas as especificações emitidas para efeitos do projeto devem ser lidas e quaisquer itens invulgares devem ser anotados. As normas da indústria nigeriana, as normas britânicas e os códigos de prática devem ser referenciados em todas as especificações e devem ser feitas cópias para o trabalho no local. Além disso, os extractos relevantes das cláusulas das especificações devem ser incluídos nos pedidos aos subcontratantes e fornecedores. Sempre que possível, pode ser preparada uma lista de "materiais ou componentes a aprovar" para servir de auxiliar de memória e registar o progresso do trabalho.

Explicação resumida

A equipa principal do projeto (por exemplo, o orçamentista sénior, o diretor de construção sénior, o diretor de planeamento e recursos) deve rever as especificações até se familiarizar com elas e anotá-las nas margens. As referências a especificações, desenhos ou localizações devem ser citadas sempre que possível, e quaisquer discrepâncias, questões ou pormenores adicionais necessários devem ser cuidadosamente anotados e enviados ao IRS.

Termos e condições contratuais

Como todos sabemos, a informação mais importante sobre a forma como o projeto deve ser gerido está contida nas condições contratuais. Estas condições são complementares às informações contidas nos documentos técnicos já referidos. Esta parte do caderno de encargos deve ser analisada de perto pela direção do empreiteiro, uma vez que tem implicações financeiras e jurídicas (por exemplo, datas de início e de fim, requisitos de seguro, propriedade da parte, deveres e poderes do consultor profissional do cliente, gestão da mudança, etc.).

Criação de documentos para a gestão da produção

A avaliação do contrato ocorre geralmente antes da preparação dos documentos de gestão da produção para o projeto de construção. Naturalmente, um projeto de método e programa de construção deve ser preparado na fase de concurso, com base num documento de concurso limitado. Informação mais detalhada sobre a produção deve ser fornecida aos empreiteiros pelos consultores ou pelo cliente quando o contrato é adjudicado. Neste caso, recomenda-se que os empreiteiros utilizem a fase de mobilização para preparar os seguintes documentos de gestão da produção.

Metodologia de conceção

A metodologia de construção é uma síntese profissionalmente pensada da construção de um projeto de construção no estaleiro, com o objetivo de minimizar os custos, otimizar a utilização dos recursos e assegurar um fluxo de produção adequado. O cliente examina criticamente cada ideia operacional e encontra o método de implementação mais optimizado. Desenvolve a metodologia ideal para a construção do edifício, ponderando cuidadosamente os vários métodos alternativos que podem ser considerados para um determinado projeto de construção e tendo em conta se o projeto requer o método mais barato ou o mais rápido.

Diversos profissionais (arquitectos, engenheiros civis, engenheiros mecânicos, engenheiros electrotécnicos, etc.) elaboram desenhos de trabalho, planos e cadernos de encargos, mas a concretização da implementação desejada e física das propostas destes projectistas está nas mãos do cliente.

Existem vários métodos de produção possíveis para um determinado conceito de construção, alguns dos quais requerem a utilização da mecanização, outros excluem-na. É possível utilizar ambos ao mesmo tempo, mas cada alternativa tem inevitavelmente as suas próprias implicações temporais, financeiras, sociais e políticas. É evidente que não existem dois estaleiros de construção iguais, mesmo que neles sejam construídos edifícios semelhantes, o que significa que os acessos e a topografia não são os mesmos. Por conseguinte, o método de construção deve ser único e específico do projeto; não pode ser copiado de um estaleiro para outro.

O primeiro passo no desenvolvimento da metodologia de construção é a recolha de toda a informação disponível sobre a produção. O construtor estuda a documentação, toma notas e elabora uma lista de opções possíveis para a execução do projeto. Ao selecionar as opções, o construtor deve ter em atenção o seguinte:

1 Pessoal técnico disponível para a execução do projeto e respectiva

experiência.

2 Ferramentas, plantas e equipamentos que podem ser fornecidos diretamente ou alugados para o projeto.

3 Tecnologias disponíveis no sector

4 as condições contratuais relativas ao acesso ao período, e

5 Condições e restrições do sítio

A equipa de projeto reúne-se para discutir qual dos métodos apresentados deve ser utilizado. Desta reunião pode surgir um novo método. Por vezes, a situação pode exigir mais reuniões entre os membros da equipa de produção antes de ser tomada uma decisão final sobre o melhor método de construção. Uma vez tomada a decisão final, o construtor prossegue com a preparação efectiva do método de construção. Os construtores devem obter uma cópia da norma BS 800, Parte 1-15, complementada por "WORKING ON CONSTRUCTION SITES", que é útil para preparar o método de construção para projectos de construção e para gerir o processo de produção no local de construção.

Programa de construção

Esta é a parte mais importante do planeamento da construção, que garante que o projeto de construção seja concluído dentro do prazo estabelecido ou acordado com o cliente. Deve ser elaborado um programa de construção pormenorizado antes do início dos trabalhos no local. Um programa de construção é semelhante à declaração de missão de uma empresa, uma vez que assegura que a necessidade de materiais, maquinaria e equipamento é devidamente coordenada e também determina quanto dinheiro deve ser gasto para alcançar o resultado desejado. É uma representação esquemática do que deve ser feito e quando deve ser feito.

Objetivo de um programa de construção para um projeto de construção

1 Registar as intenções acordadas com o cliente ou os seus representantes 2 Delinear a sequência dos trabalhos e os requisitos gerais de mão de obra e equipamento.

3Uma boa medida para acompanhar o progresso e controlar o projeto

4Deteriorar as alterações de conceção, salientando as suas consequências naturais, facilitando simultaneamente as alterações dos desenhos de trabalho e minimizando o seu impacto negativo em caso de acontecimentos imprevistos

Elementos importantes a ter em conta na elaboração de um programa de construção para um projeto de construção

1 Equilíbrio adequado entre as equipas para evitar uma rotação excessiva da mão de obra

2 Os sistemas e equipamentos devem funcionar continuamente durante toda a vida útil da instalação.

3 As operações que não fazem parte da atividade principal devem ser excluídas da coluna "Operações", mas o seu volume de trabalho e duração

devem ser incluídos nas operações principais correspondentes.

4 Por exemplo, a cofragem e a armadura para pilares de betão armado fazem parte dos pilares de betão. Um item de "pilar de betão armado" inclui, portanto, a cofragem com armadura e o vazamento real do betão.

Caraterísticas de um bom programa de construção

1 Um bom programa de construção caracteriza-se pelas seguintes caraterísticas

Fácil de compreender por todos os membros da equipa de projeto ou participantes e clientes

2 A criação não deve basear-se em suposições, mas em factos e números dos desenhos de trabalho e da metodologia de conceção do projeto.

3 Fácil de atualizar para responder à evolução das circunstâncias

4 Assegurar a utilização conveniente e contínua de todos os recursos durante o trabalho no local

5 Controlo de progresso simples

6 Símbolos ou avisos simples que alertam a equipa de gestão das instalações.

Ao elaborar o programa de construção, todas as informações de produção disponíveis devem ser verificadas antes da elaboração da metodologia de construção, que também serve como o principal componente para a elaboração do programa de construção.

Duração das acções individuais

A duração das operações individuais de um projeto de construção é determinada após uma análise cuidadosa da metodologia de construção. A produção horária do equipamento e da mão de obra é determinada a partir de registos de projectos anteriores ou de um estudo de produtividade, que é depois utilizado para determinar o número de cada tipo de equipamento e de cada equipa a utilizar no projeto. Os seguintes factores devem ser considerados ao determinar o tamanho da equipa, o número de equipas e o equipamento a utilizar no projeto. Requisitos do cliente; restrições do local; método de construção; disponibilidade de mão de obra na região; disponibilidade de instalações e equipamentos adequados.

Projeto com prazos definidos

Se o projeto for limitado no tempo, isso significa que deve ser concluído até uma determinada data ou dentro de um determinado período de tempo e que os construtores devem fornecer todos os recursos necessários para concluir o projeto até à data ou dentro do período de tempo acordado.

O projeto tem recursos limitados

A duração do projeto depende da disponibilidade de recursos adequados, tais como a aquisição de materiais e componentes, alguns dos quais podem ser importados, instalações e equipamentos, e a disponibilidade de mão de obra. A maioria dos projectos de construção tem um prazo limitado porque tempo é dinheiro, o que significa que o cliente deve desenvolver um método de construção optimizado.

Determinação da duração dos processos individuais

O trabalho efetivo no estaleiro começa às 8h00 e termina às 17h00, com uma pausa de 45 minutos para almoço e mais 15 minutos para conservação da natureza. O tempo efetivo de produção é de 8 horas. Se assumirmos que 75% do tempo de trabalho é tempo produtivo, então o tempo de trabalho efetivo por dia é de 8 horas x 75% = 6 horas. Os seguintes métodos podem, por conseguinte, ser utilizados para determinar uma quantidade de tempo adequada e aceitável para cada operação:

Número (M3/M2/M/NO)_Número de bandas

Capacidade do grupo ou sistema por hora = duração em horas

Para este efeito, as quantidades para cada operação são retiradas da lista de quantidades ou medidas diretamente a partir dos desenhos de trabalho e transferidas para a coluna de quantidades da folha de cálculo.

Conceção do programa

O programa de construção pode ser criado manualmente ou por computador e depende da experiência do empreiteiro. Um dos seguintes métodos de gestão pode ser utilizado para criar o programa de construção.

Histogramas: Mostra a rede de todas as acções no sítio Web, e os resultados da análise podem ser apresentados em diagramas.

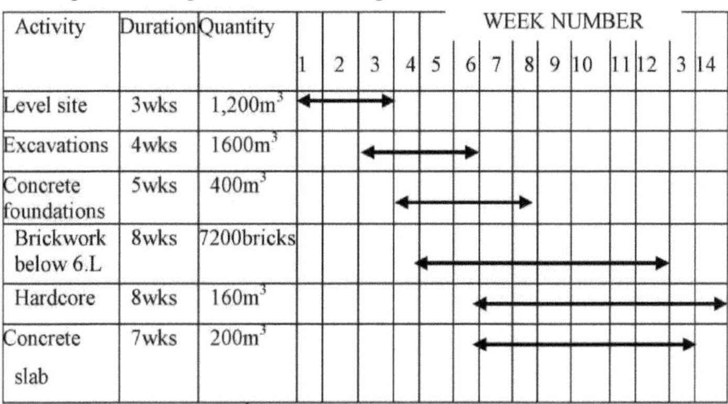

Activity	Duration	Quantity	WEEK NUMBER													
			1	2	3	4	5	6	7	8	9	10	11	12	3	14
Level site	3wks	1,200m^3														
Excavations	4wks	1600m^3														
Concrete foundations	5wks	400m^3														
Brickwork below 6.L	8wks	7200bricks														
Hardcore	8wks	160m^3														
Concrete slab	7wks	200m^3														

Terreno plano: 1 - 350m^3

2 - 800m^3

3 - 1200 m^3

Escavações

3 - 100 и

3 и 4 - 550

3, 4 и 5 - 950

3, 4, 5 и 6 - 1200

3, 4, 5, 6 и 7

Diagrama de setas

São utilizadas quando um projeto está dividido numa série de fases ou elementos de trabalho denominados actividades. São representados por setas cujo comprimento é irrelevante. A parte superior da seta indica a conclusão de uma tarefa ou atividade, enquanto a seta inferior indica o início da mesma atividade. Cada ligação de actividades é referida como um evento e é representada por círculos ou modais. Um evento indica a conclusão de uma atividade e o início de outra, com exceção da primeira atividade, que representa o início do projeto, e da última atividade, que indica apenas a conclusão.

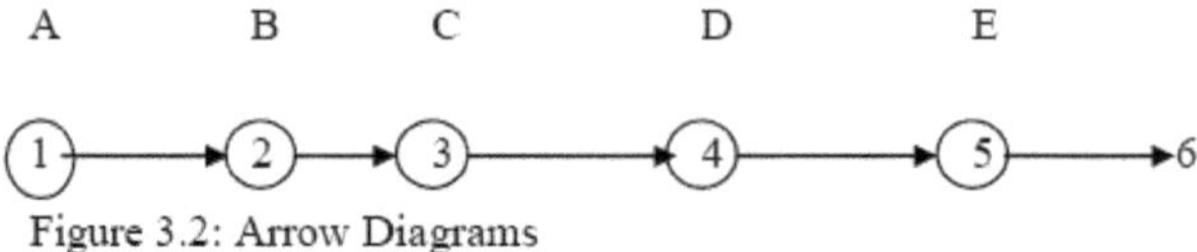

Figure 3.2: Arrow Diagrams

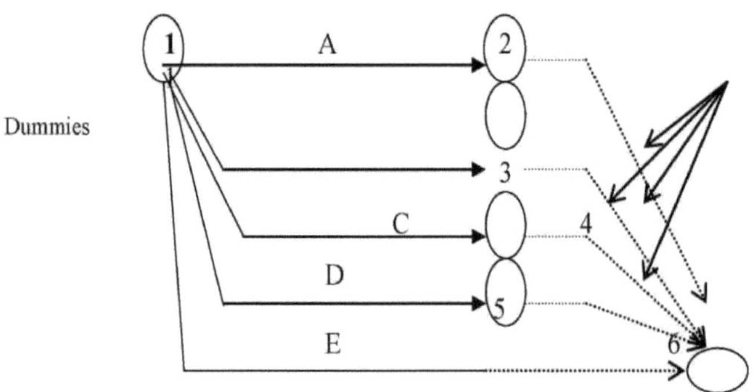

Figura 3.2: Diagramas de setas

A figura acima mostra os cinco processos A, B, C, D, E, que constituem um pequeno projeto e que devem ser executados numa sequência contínua.

Quadro 5: Actividades

ACTIVIDADE	IDENTIDADE
A	1 - 2
B	2 - 3
C	3 - 4
D	4 - 5
E	5 - 6

Se, por outro lado, os cinco processos fossem iniciados e concluídos ao mesmo tempo, teria de ser atribuída a cada processo a sua própria identidade, pelo que teriam de ser introduzidas acções fictícias. Estas acções são representadas pelas linhas a tracejado.

ACTIVIDADE	INDENTIDADE
A	1 - 2
B	1 - 3
C	1 - 4
D	1 - 5
E	1- 6
DUMMY	2 - 6
DUMMY	3 - 6
DUMMY	4 - 6
DUMMY	5 - 6

Quadro 6: Actividades fictícias

EXEMPLO: Criação de um canto As actividades incluem

1. Levantamento do andaime
2. Transportar os tijolos da pilha para o andaime
3. Instalação das partes incorporadas
4. Solução para misturar
5. Aplicar argamassa num andaime
6. Canto para construção

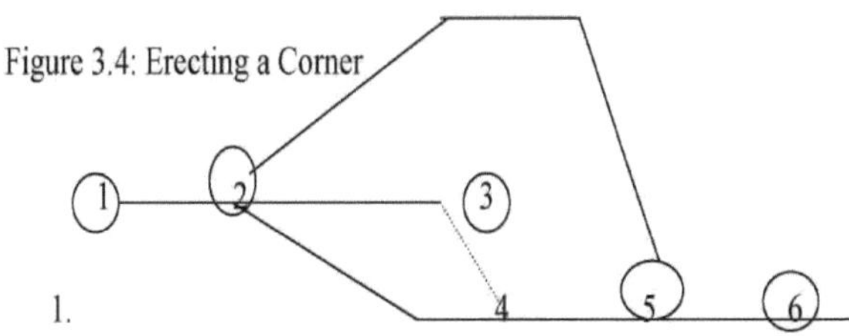

Figure 3.4: Erecting a Corner

Tabela 3.7: Configuração de ângulos

	Atividade	Duração	Início	Superfície
A	1 -2	15 dias	0	15
B	1 - 3	10 dias	0	10
C	1- 4	12 dias	0	12
D	1 - 6	29 dias	0	29
	2 - 4	Manequim	15	15
E	2 - 5	14 dias	15	29
F	3 - 5	13 dias	10	23
G	4 - 6	28 dias	15	43
H	5 - 6	4 dias	29	33
I	6 - 7	2 dias	43	45

Uma vez introduzida a duração das actividades, é possível calcular as horas de início e de fim das actividades adicionando a hora de fim da atividade anterior à duração da atividade.

O método do caminho crítico (CPM) é uma nova forma de planeamento utilizada na indústria da construção. Ajuda os clientes a reconhecer e a destacar problemas específicos para que possam ser tomadas medidas corretivas.

O mais antigo O mais antigo O mais jovem

	Atividade	Duração	Início	Superfície	Início	Superfície	Todos eles Flutuador
A	1 - 2	9 semanas	0	9	0	9	0
B	2 - 3	8 semanas	9	17	9	17	0
C	2 - 4	6 semanas	9	15	9	15	0
D	1 - 5	6 semanas	0	6	0	6	0
E	4 - 7	10 semanas	15	25	15	25	0
F	3 - 7	7 semanas	17	24	18	25	1
G	4 -6	0	15	15	17	17	2
H	5 - 6	11 semanas	6	17	06	17	0
I	6 - 7	6 semanas	19	25	19	25	0

Mais cedo: Adicione a duração de cada atividade à hora de fim da atividade anterior. Comece pela primeira atividade e calcule cada percurso separadamente.
Mais recentes: As horas de início mais recentes, no sentido inverso ao das horas mais antigas, ou seja, partindo da hora do último evento e retrocedendo, subtraindo a hora da atividade à hora do fim do evento.
Total flutuante: O tempo total de conclusão de cada atividade é calculado subtraindo a conclusão mais antiga da conclusão mais recente.
Outros métodos de programação são:
Histograma ligado; linha de equilíbrio; diagrama de rede predecessor
E a rede Pert

FIGURA 3.5: Planeamento do projeto

Capítulo 4: Gestão da qualidade no projeto

A gestão da qualidade dos projectos pode ser dividida em dois domínios principais:

1 **Qualidade da conceção**

Este tipo de qualidade é definido pela equipa de projeto em nome do cliente. Trata-se das normas de qualidade exigidas pela organização, que são descritas no caderno de encargos correspondente.

2 **Grau de conformidade com os requisitos especificados.**

Declara em que medida o edifício ou partes dele serão construídos de acordo com os requisitos do cliente contidos nas informações de produção fornecidas ao empreiteiro. Na indústria da construção, o empreiteiro final, uma equipa de projeto composta por consultores e empreiteiros, deve cumprir os requisitos do cliente contidos nos documentos do contrato. Em todo o mundo, incluindo a Nigéria, existem várias organizações de controlo de qualidade. Estas organizações foram criadas para garantir a normalização dos materiais de construção, dos componentes e das obras de construção. Estas organizações a nível internacional incluem

1 Organização Internacional de Normalização (ISO)

2 Instituto Britânico de Normalização (BSI)

3 Código de Conduta para a Construção (COP), e na Nigéria temos:

4 Organização de Normalização da Nigéria (SON), e

5 Normas da Indústria Nigeriana (NIS)

Estas organizações têm a tarefa de assegurar normas de qualidade para as actividades de construção e o cumprimento dos requisitos básicos, a fim de aumentar a eficiência, garantir a qualidade e aumentar a produtividade.

Gestão da qualidade na fase de conceção

Todos os projectos devem expressar de forma clara e mensurável os requisitos do cliente. Para evitar o risco de mal-entendidos e de excessiva ênfase na preparação das informações relativas à produção, recorre-se cada vez mais aos serviços de consultores especializados em projectos para corrigir as deficiências das informações relativas à produção identificadas em vários estudos e relatórios. Na Nigéria, tanto os projectos de arquitetura como os de estruturas ou os desenhos de produção são produzidos por profissionais não qualificados. Em muitos casos, os desenhos estão mal preparados, mesmo sem o número do desenho e o nome do projetista ou o nome da pessoa que reviu os desenhos antes da aprovação para construção. A maioria dos desenhos emitidos hoje em dia são descoordenados e inadequados para a produção de construção, as especificações não são preparadas pela equipa de projeto. Em muitos casos, a redação das especificações é deixada a cargo dos orçamentistas, em vez de cada membro da equipa de projeto poder apoiar os seus desenhos e projectos com especificações relevantes para a sua área.

Os projectistas citam B5, COP, NIS, etc. como referências sem terem visto uma cópia dos mesmos e sem confirmarem se foram revistos ou se ainda são relevantes para um determinado projeto. Todos concordarão comigo que a "equipa de planeamento" ainda não demonstrou uma cultura de qualidade na sua contribuição para a produção de edifícios na Nigéria.

Gestão da qualidade durante a fase de construção

O mesmo se aplica à equipa de produção do projeto. Devido à escassez de informação nos documentos do concurso e ao tempo muito curto disponível para a apresentação de propostas, as cláusulas pouco claras dos documentos do concurso não são muitas vezes esclarecidas pelos empreiteiros ou subempreiteiros, o que faz com que o empreiteiro não inclua fundos suficientes na sua proposta para cobrir os requisitos de qualidade esperados e as despesas gerais necessárias para concluir o projeto.

A gestão da qualidade no local é vista pelas equipas de projeto e de produção como uma questão de controlo e inspeção. Quando a responsabilidade pelo cumprimento das normas estabelecidas recai sobre o "empreiteiro", os procedimentos de inspeção planeados, combinados com a utilização de listas de verificação, ajudam a eliminar o risco de negligenciar o trabalho que tem de ser inspeccionado. A equipa de produção seguirá frequentemente os passos seguintes necessários para atingir os padrões de qualidade especificados. Estes passos incluem a metodologia de conceção, o programa de construção, a disposição do local, a análise das instalações e do equipamento, os horários, as reuniões acordadas e outros. Além disso, a monitorização diária necessária e as inspecções no local não são realizadas por empreiteiros registados com formação em ciência, tecnologia, economia e gestão da construção. É de notar que a gestão da produção e a supervisão do projeto de construção são da exclusiva responsabilidade do empreiteiro através dos seus "clientes", enquanto as inspecções regulares são realizadas pela equipa do projeto. Além disso, a indústria carece de uma comunicação eficaz, uma vez que não existe um processo formal ou um método racionalizado para o empreiteiro comunicar os requisitos do cliente aos outros intervenientes no projeto. Embora os clientes sejam representados no local por empreiteiros/arquitectos ou engenheiros locais, estes passam grande parte do seu tempo a responder a questões do empreiteiro no local, uma vez que a informação de produção emitida para a construção é inadequada.

Na Nigéria, contudo, os problemas de comunicação são exacerbados pelos seguintes factores: inconsistência dos desenhos, falta de especificações escritas em alguns projectos, falta de coordenação dos esforços dos profissionais da construção, preferência do cliente por profissionais menos qualificados ou não qualificados, interferência injustificada do cliente e incumprimento dos acordos contratuais.

Os problemas acima referidos que dificultam o sistema de gestão da qualidade dos projectos de construção devem ser resolvidos para acabar com a crise da gestão da qualidade nos estaleiros de construção.

Garantia de qualidade e equipa de conceção

A garantia da qualidade engloba todas as actividades e funções associadas à obtenção da qualidade (BS 4778) em estruturas privadas e públicas. A ineficácia da gestão da qualidade na indústria da construção, com litígios

prolongados que conduzem à perda de integridade profissional, económica e pública, confirma que a garantia da qualidade na Nigéria é uma ilusão. Embora a qualidade tenha sido alcançada num pequeno número de projectos complexos, dispendiosos e de alto risco, especialmente nos sectores do petróleo, do gás, da energia e da petroquímica, onde a fiabilidade e a segurança são fundamentais, não o foi na indústria da construção. Com a introdução das séries ISO 9000 e BS 5750, os princípios da garantia de qualidade podem ser demonstrados em três tipos diferentes de sistemas de garantia de qualidade.
Três tipos:
Avaliação inicial: Trata-se de estabelecer um sistema de qualidade, documentar a estrutura e os procedimentos e, em seguida, notificar o cliente de que o sistema de qualidade foi estabelecido. Alguns pequenos empreiteiros e subempreiteiros devem começar com este tipo de sistema de qualidade.
B **Avaliação por um segundo interveniente**
Isto inclui o desenvolvimento de um sistema de garantia de qualidade e a colaboração com o cliente para o estabelecer de modo a satisfazer os requisitos de qualidade definidos pelo cliente. Este tipo de sistema de qualidade não é típico dos empreiteiros que trabalham no sector da construção.
D Avaliação por terceiros
É a chamada certificação por terceiros ou certificação totalmente independente. Este é o tipo mais pormenorizado de sistema de garantia de qualidade. Este tipo representa o nível mais elevado de implementação de um sistema de qualidade. Trata-se de uma certificação "completa" independente (avaliação e registo) de acordo com as especificações da norma ISO 9000 ou BS 5750: "Sistema de Qualidade".
A sua organização pode começar a utilizar este tipo de sistema de qualidade agora que a SON introduziu finalmente o sistema de garantia de qualidade ISO 9000.
Gestão da qualidade no fabrico de materiais e componentes de construção
Os princípios básicos para a gestão da qualidade de todas as actividades de uma fábrica de materiais e componentes de construção, de acordo com as especificações normalizadas, são os seguintes Estes princípios incluem:

1 Operações em todas as fases do processo de produção, desde a receção das matérias-primas até à entrega dos produtos acabados nos estaleiros

2 Conceção do produto na fábrica

3 Projectos de máquinas e sistemas para a produção

4 Requisitos para a instalação dos produtos no local, a sua utilização e manutenção no edifício acabado

No entanto, a maioria dos fabricantes de materiais e componentes de construção dispõe agora de pessoal formado que inspecciona e testa os produtos acabados em relação às especificações normalizadas, a fim de evitar rejeições, especialmente no caso dos produtos acabados. Esta é uma vantagem em relação ao antigo sistema de inspeção dos produtos acabados. Na Nigéria, os funcionários de garantia de qualidade do SON controlam os fabricantes locais de materiais e componentes de construção para garantir que as normas de qualidade são cumpridas. Normalmente, o SON emite certificados de qualidade às empresas para os seus produtos e autoriza os fabricantes a utilizar a "marca NIS" no produto ou componente.

Plano de projeto para a saúde e a segurança

Na Nigéria, as principais causas de acidentes em estaleiros de construção no passado foram a falta de regulamentos de construção e de regulamentos para a supervisão do pessoal. Com a recente adoção de novos regulamentos nacionais de construção pelo Governo Federal, espera-se que os acidentes nos estaleiros de construção possam ser minimizados, se não eliminados, se os regulamentos forem rigorosamente cumpridos. Por conseguinte, todos os estaleiros de construção devem ter os seguintes planos de saúde e segurança para projectos de construção:

1. Medidas de saúde e segurança para cada local do projeto
2. Introdução de um sistema de gestão da segurança
3. Foi criado um comité de segurança
4. Desenvolvimento de objectivos de saúde e segurança para o plano

5Avaliação dos perigos e riscos no plano

Âmbito dos trabalhos; local de construção; demolição; planeamento; subestrutura; pessoal de obra; equipamento; poço de elevador e instalação; Responsabilidades da organização; Responsabilidades do pessoal; Alojamento e condições de vida no local; Medidas de prevenção de acidentes; Trabalhadores; Instalações e equipamento; Ambiente de trabalho; Vestuário e equipamento de proteção; Autorização de trabalho; Acesso e saída do local de trabalho; Obstruções e serviços subterrâneos; e Primeiros socorros; Atribuição; Sala de primeiros socorros; Kits e materiais de primeiros socorros; Prestadores de primeiros socorros; Registos de tratamento; Montagem e inspeção de andaimes; Forma de montagem de andaimes Registos de saúde e segurança; Administração de saúde e segurança; Registo de saúde e segurança, briefings, actas das reuniões do comité de saúde e segurança; Datas e nomes dos participantes no programa de formação em saúde e segurança Acidentes ou ocorrências perigosas; Data e hora do acidente ou ocorrência perigosa; Detalhes das vítimas; Detalhes completos.

Nome; profissão; tipo de lesão; local do acidente; breve descrição das circunstâncias; e medidas tomadas **Quadro de alerta precoce**

Esta é uma representação gráfica do período entre a receção dos documentos de informação de produção pelo GESTOR DA CONSTRUÇÃO e a data de início dos trabalhos de construção especificada no programa de construção. Mostra os eventos que serão concluídos antes do início dos trabalhos de construção com base nos elementos individuais do programa de construção. As datas apresentadas no diagrama EWS representam datas de conclusão e datas de eventos com duração superior a uma semana ou um mês. Uma vez produzido e aceite por todas as partes envolvidas, o calendário EWS não pode ser alterado sem o acordo do Gestor de Construção Sénior e do Orçamentista Sénior do Local, caso existam implicações contratuais que devam ser consideradas.

Criação do diagrama OBC

Para criar o diagrama, utilizar um programa de construção com um número de programa ou uma descrição BOQ introduzida para cada elemento. Para criar o diagrama, trabalhe de trás para a frente, utilizando a data de início como data de referência; as datas de fim de cada acontecimento crítico são traçadas no diagrama. Para cada acontecimento do diagrama, é necessário encontrar uma forma de codificação. As informações sobre a duração de todos os acontecimentos antes do início podem ser obtidas nas seguintes fontes

1 O serviço de compras, que é o principal ponto de contacto para todos os fornecedores e subcontratantes durante a fase de preparação do projeto.

2Equipa de gestão da produção

3Consultores especializados apenas após consulta do coordenador ou do gestor do projeto

Diagrama de controlo OBC

O EWS é o documento de controlo de entrega semanal para a equipa de gestão da produção. Para manter a utilidade do plano EWS, o progresso deve ser monitorizado. O Diretor de Recursos Humanos cria uma lista de itens em aberto e uma lista de itens que precisam de ser concluídos na próxima semana ou mês. Esta informação é particularmente importante para as reuniões de monitorização do Gestor Sénior de Construção. Todas as tarefas concluídas devem ser marcadas com uma cor diferente para cada semana ou mês, à semelhança do programa de construção. Pode usar programas como o AUTOCAD, MICROSOFT PROJECT, EXCEL e outros para desenhar os símbolos EWS, ou pode desenhar o diagrama à mão.

Calendário dos pedidos de informação

É um calendário criado para os clientes informarem a equipa de conceção das necessidades de informação e dos prazos; é um requisito do contrato nos seus termos. O seu objetivo é facilitar o bom desenrolar do projeto e não estabelecer prazos para a equipa de conceção que a possam fazer perder o rumo.

Preparação para o controlo fiscal

É da responsabilidade da equipa de produção do projeto preparar o IRS e partilhá-lo com o coordenador ou gestor do projeto e os consultores de conceção, para que possam planear a preparação da informação de produção (ou seja, desenhos de trabalho, especificações, calendários, etc.). O IRS deve incluir os requisitos do subcontratante e do contratante principal, e o texto deve descrever completamente os elementos necessários do trabalho. As informações devem ser agrupadas por data - é necessária uma ordem cronológica.

O processo de conceção do IRS consiste geralmente nas seguintes etapas:

1Preparar um IRS preliminar assim que o contrato for adjudicado - abrange os requisitos imediatos do contrato, incluindo itens incluídos, datas de entrega ou de produção alargadas.

2 O contratante principal deve fornecer aos gabinetes de planeamento um IRS completo para o projeto através do coordenador/gestor de projeto no prazo de um mês após a adjudicação do contrato e após a elaboração do programa de construção.

Acompanhamento e atualização dos dados dos serviços fiscais

Todos os meses, quer a intervalos regulares, quer pouco antes da próxima reunião do sítio, o IRS é promovido e é emitido um novo IRS. Convém recordar que o objetivo inicial da emissão de um IRS é impulsionar o progresso no local da forma mais eficiente e amigável possível. O conteúdo do IRS deve incluir o seguinte:

1Informação não concluída: - A administração fiscal comunica todas as rubricas pendentes e o número de semanas em atraso 2Informação que será necessária num futuro próximo: Deve garantir-se que todas as informações estão disponíveis e são exequíveis.

Orçamentação de projectos e controlo de custos

Como todos sabemos, um orçamento é uma lista pré-preparada de planos financeiros para o período seguinte, normalmente um ano ou mais. Contém igualmente as receitas e despesas previstas (conta de ganhos e perdas), que indicam o consumo de cada elemento de um projeto de construção e o custo total. O orçamento contém os planos de activos e passivos da organização (balanço orçamental) e as estimativas de receitas e pagamentos (fluxo de caixa previsto).

1. Planeamento: Serve para o planeamento sistemático e lógico das finanças de uma organização e permite seguir uma estratégia a longo prazo para o financiamento de um projeto.
2. Coordenação: Ajuda a coordenar as actividades das várias partes da organização e assegura a coerência.
3. Comunicação: É mais fácil comunicar os objectivos, as capacidades e os planos da organização aos líderes das várias equipas de projeto.
4. Motivação: É assegurado que os gestores estão motivados para atingir os objectivos do projeto e da empresa.
5. Acompanhamento: O objetivo é acompanhar as actividades, medindo os progressos em relação aos planos-alvo e fazendo ajustamentos, se necessário.
6. Avaliação: Fornece um quadro para avaliar a eficácia do orçamento na realização dos objectivos individuais e departamentais.

Processo de planeamento e controlo empresarial: Medidas na fase de **planeamento**

Planeamento a curto prazo

Desenvolvimento de planos e programas operacionais; preparação de orçamentos financeiros anuais; reação às mudanças do mercado; revisão contínua da validade dos planos.

Planeamento a longo prazo

Definição do objetivo do projeto da organização Avaliação da estratégia, das opções de mercado e de produto; análise dos pontos fortes e fracos do projeto.

-Determinar as necessidades de recursos financeiros, materiais e humanos.

Controlo: Preparação de relatórios de gestão; avaliação dos desvios entre o desempenho real e o planeado; decisão sobre a forma de retificar os desvios; tomada de medidas corretivas eficazes

Orçamentação

Ao definir o orçamento do projeto, familiarize-se com as informações necessárias sobre o que a sua organização pretende alcançar com o projeto. Identifique os factores internos e externos relevantes que podem ter impacto na sua organização. É importante concentrar-se nos tipos, montantes e calendário das receitas e despesas para obter uma estimativa mais exacta das receitas e despesas da organização. Para melhorar a eficiência, deve fornecer valores mais razoáveis e saber como contestar os montantes estimados. Compreender os tipos e o comportamento dos custos, associar os orçamentos de capital às receitas e despesas para dar aos quadros superiores uma visão clara da adequação do orçamento e realizar outros processos de consolidação para finalizar o orçamento.

Controlo orçamental

Ao controlar o orçamento do projeto, é crucial verificar o que realmente aconteceu e compará-lo com as despesas orçamentadas, bem como identificar as razões para as variações, tomar medidas corretivas e avaliar a forma como a orçamentação pode ser melhorada no futuro. As imprecisões orçamentais podem ser causadas por erro humano ou por problemas empresariais, pelo que é importante saber o que fazer.

Quadro 4.1: **Possíveis influências externas no orçamento**

Gama de Influência	Factores a ter em conta
Economia,	Economia: estrutura, ciclo económico, taxas de inflação, taxas de juro,

População e Trabalho	Níveis de impostos, influência global, mercados de acções. População: espécie, tamanho, localização, mobilidade, fertilidade, mortalidade, tendências futuras Comunidade: Vizinhos, Grupos de interesse , Questões ambientais, caraterísticas locais, tendências sociais e culturais Mão de obra: tipos, quantidades Acessibilidade, capacidade de resposta às necessidades de aprendizagem , Expectativas, competências.
O governo e Órgãos legislativos	Legislação: direito do trabalho, proteção dos consumidores, saúde e segurança, direito da concorrência Governo: tipos, política fiscal e monetária, política industrial e de concorrência, incentivos e iniciativas. Comércio internacional Acordos: Exportações e importações, pautas comerciais, harmonização fiscal, contingentes comerciais, taxas de câmbio
	Organizações: Administração fiscal, alfândegas e impostos especiais sobre o consumo, credores, mutuantes, grupos de interesse, Governação, regulamentação do corpo.
Relações comerciais entre clientes e fornecedores	Clientes: Tipos e Números, nível de procura, sustentabilidade financeira, desejos e necessidades de crescimento previsto. Concorrentes: Localização, Produtos, actividades, pontos fortes, pontos fracos, taxa de flutuação, agressividade, taxa de crescimento. Fornecedores: Tipos e quantidades, custos e âmbito do fornecimento, parcerias, dependências, viabilidade financeira, localização

Empresas Influenciado Alto nível Factores	Produtos e serviços Tipos, quantidades, métodos de produção, preços, métodos de fixação de preços, inventários Pessoas, Organização Objectivos, recursos disponíveis e orçamentos dos serviços

Na Nigéria, especialmente no caso de grandes projectos de construção, a maior parte do orçamento do projeto do empreiteiro é gerida pelo pessoal do local, enquanto o pessoal da sede executa trabalhos mais pequenos. A orçamentação e o controlo dos custos do projeto facilitam o trabalho do pessoal no local, uma vez que visam reduzir os custos de construção através do controlo do progresso e dos custos. Se os custos do projeto revelarem valores desfavoráveis, as razões para as discrepâncias devem ser identificadas e devem ser tomadas medidas corretivas, utilizando técnicas inovadoras de construção ou de gestão para manter as margens de lucro. O orçamento global do projeto deve ser apoiado por um controlo mensal dos custos para ajustar (se necessário) as técnicas de construção e a produtividade do trabalho no local.

Elaboração de relatórios de planeamento da construção

A redação do relatório consiste em informar a direção sobre a evolução do projeto, os problemas encontrados e as possíveis soluções. O relatório do calendário de construção é redigido após uma análise/revisão minuciosa dos documentos de gestão da produção apresentados pelo empreiteiro, e o empreiteiro prepara um relatório do calendário de construção que é apresentado ao coordenador do projeto ou ao cliente. Os calendários seguintes representam os relatórios escritos:

Calendário dos materiais

Deve ser preparado com base em desenhos e não em quantidades, pois isso facilita a encomenda, a entrega e o armazenamento cuidadosos dos materiais no local, que devem ser efectuados por fases. A entrega dos materiais deve ser escalonada de acordo com o programa de construção acordado. Desta forma, podem ser evitados estrangulamentos e perdas devido a duplo manuseamento e danos.

Plano de trabalho dos subcontratantes

O calendário para o subempreiteiro baseia-se numa revisão da lista de quantidades e as datas correspondentes são retiradas do programa de construção. Estas datas provisórias devem igualmente ser incluídas nas ordens de subcontratação e acordadas com os subcontratantes. Todos os subempreiteiros devem ser organizados de modo a que as suas datas de início e de fim se enquadrem no programa de construção do empreiteiro principal.

Plano de exploração das instalações e equipamentos

As necessidades de ferramentas e equipamentos baseiam-se no método de construção e o calendário estimado baseia-se no programa de construção criado para o projeto de construção. Este calendário pode ser utilizado para notificar o depósito/departamento de equipamento ou a empresa de aluguer de equipamento. Pode ser utilizado para promover um pedido de equipamento.

Plano de trabalho

O plano de trabalho é elaborado pela direção da obra. Para cada projeto, é essencial ter um plano para os custos de mão de obra previstos. O plano de custos da mão de obra é elaborado com base nos dados utilizados pelo orçamentista na preparação do orçamento e do método de construção. O plano de custos da mão de obra é necessário para tomar as providências necessárias para a existência de instalações adequadas no local e para aconselhar o gestor do projeto e dos recursos e a gestão do local de modo a facilitar a contratação de comerciantes, artesãos e mão de obra não qualificada para a execução do programa de construção. Concordará comigo que o ditado "Não planear é planear falhar" faz todo o sentido. Por isso, temos de planear muito bem o nosso projeto de construção para reduzir os custos, evitar o desperdício de materiais e mão de obra e entregar o projeto dentro do prazo acordado sem comprometer a qualidade e a relação qualidade/preço.

FIGURA 4.1: Preparação do plano de trabalho

Capítulo 5: Execução do plano do projeto de construção

É necessária uma equipa para implementar o plano e, quando há uma equipa, também tem de haver um líder. Na implementação de um projeto de construção, o cliente é o líder da equipa para a implementação do plano de construção devido à sua experiência de produção. O sucesso da fase de execução de um projeto de construção bem planeado depende da equipa do projeto e da capacidade do dono da obra para a liderar bem. No entanto, os seguintes factores determinam em grande medida o sucesso da implementação do projeto.

(A) Seleção de membros da equipa adequados e apropriados.

(B) O líder deve compreender como a equipa se irá desenvolver ao longo do projeto.

(C) Deve promover o trabalho em equipa

(D) A equipa deve também chegar a acordo sobre decisões importantes

(E) O chefe de equipa deve aplicar uma variedade de estilos de liderança para inspirar e motivar pessoas diferentes.

(F) É apoiado por todos os intervenientes.

(G) Certifique-se de que começa com um plano de prosperidade bem preparado e utilize a autoridade do seu patrocinador.

(H) Assegura que todas as pessoas envolvidas têm acesso às informações mais importantes do projeto e estabelece contacto a todo o momento.

Independentemente do método de aquisição utilizado para realizar o projeto de construção, o cliente deve estar presente no local de construção como gestor da construção. Nesta fase do plano do projeto de construção, os resultados de todas as actividades de pré-construção (planeamento, conceção, análise de construtibilidade/sustentabilidade, planeamento da construção, cálculo de custos, etc.) são fisicamente realizados. O cliente, enquanto chefe da equipa de produção, está envolvido na seleção dos membros da equipa adequados. Estes incluem: Arquitectos, Engenheiros Civis, Engenheiros de Manutenção, Engenheiros de Estimativas, Avaliadores de Quantidade e Subempreiteiros (que são contratados em nome do cliente).

Qualidades do mestre de obras enquanto chefe de uma equipa de produção

1 motivar cada membro da equipa para atingir os objectivos do projeto

2 Apoio ao desenvolvimento dos indivíduos e dos membros da equipa

3 Construir boas relações com as partes interessadas

4 Organização eficaz de reuniões de equipa

5 Comunicação clara a todos os níveis

6 Ter credibilidade e respeito

7 Execução de planos com medidas de acompanhamento

8 ser capaz de aplicar diferentes estilos de liderança consoante a situação

Uma vez selecionada a equipa de produção com a aprovação do cliente, esta deve não só cumprir várias tarefas profissionais no âmbito do projeto, mas também trabalhar com o cliente como líder para cumprir as seguintes tarefas

1 Coordenação - une o trabalho da equipa num todo coerente

2 Críticos - são os cães de guarda e os analisadores da eficiência da equipa. 3Cheio de ideias

4 Todos eles devem incentivar a equipa a ser inovadora.

5Conversor:

6Devem assegurar o bom funcionamento da equipa 7Contactos externos:

8Manutenção dos contactos externos da equipa

9Inspectores

10Todos eles têm de assegurar a manutenção de padrões elevados 11O construtor de equipas;

Todos precisam de desenvolver um espírito de equipa

Início positivo da produção de projectos de construção

O cliente, enquanto líder, deve incentivar o trabalho em equipa, convidando todos os envolvidos para uma reunião informal no início e formalizando a existência do projeto para clarificar o seu objetivo. O chefe do escritório também deve ser convidado para a primeira reunião da equipa para lhe dar a oportunidade de se dirigir à equipa e expressar a sua confiança e empenho no projeto. Esta ação única é preciosa para manter o espírito de equipa.

Início ativo

Na primeira reunião informal da equipa, explique em que consiste o projeto, quais são os objectivos e as limitações e quais são os benefícios do projeto para os membros individuais da equipa e para a organização. O promotor do projeto não deve hesitar em estabelecer regras básicas para a partilha de informações e a tomada de decisões. A reunião deve ser sempre bidirecional, para que os participantes possam fazer perguntas. No final da reunião, todos devem compreender o que tem de ser feito e sentir-se motivados para o conseguir.

Identificação dos principais actores e dos seus papéis

Trabalhadores da construção civil**:** Os trabalhadores da construção civil nos estaleiros podem fazer parte da equipa do empreiteiro, como gestores de estaleiros, ou da equipa do cliente, como trabalhadores residentes ou consultores.

Se o contrato for adjudicado por ajuste direto, ou seja, com pessoal técnico próprio, os trabalhadores da construção são referidos como gestores de obra e não como trabalhadores locais da construção, dependendo do método de adjudicação, tanto em instituições públicas como privadas.

O cliente como membro da equipa do contratante

O profissional gere o processo de produção de projectos de construção em nome do cliente, desde a aquisição do local até à elaboração de um relatório final satisfatório e de um manual para o funcionamento do edifício.

Desempenha as seguintes funções

1Organiza e adquire materiais e componentes para utilização no local

2Gestão do pessoal, do dinheiro, das máquinas e dos materiais no estaleiro 3Gestão da mão de obra, dos fornecedores e dos subcontratantes 4Gestão dos métodos de construção

5Execução do plano de gestão da qualidade do projeto
6Execução do plano de saúde e segurança do projeto
7Garante o cumprimento do programa de construção
8Introdução de um sistema de alerta precoce
9Garante que as informações sobre a produção sejam recebidas o mais tardar nas datas especificadas pelo IRS
10Utilizar as instruções de trabalho adequadas para gerir e controlar a execução de cada operação no local
11Utilize uma lista de controlo para rever continuamente cada etapa do processo.
12Preparação dos manuais de manutenção dos edifícios
13Apoia a execução de todos os aspectos do projeto de construção dentro do orçamento de construção e com lucro. É de notar que os trabalhadores da construção civil são aqui gestores de estaleiros de construção.

O construtor é líder de mercado em contratos de trabalho direto

Isto inclui o destacamento de pessoal técnico a tempo inteiro que gere e supervisiona todos os trabalhos no local de construção. Os clientes são os gestores de obra e desempenham todas as funções acima referidas.

Construtores residentes

Trata-se de trabalhadores da construção civil que estão destacados no estaleiro durante a fase de construção de um projeto. Os trabalhadores da construção civil aqui mencionados representam os interesses da sua organização ou do cliente do projeto. O número e a experiência destes trabalhadores da construção dependem da dimensão e da natureza do projeto. Cabe aos construtores locais aqui reunidos proteger os interesses da sua organização ou entidade patronal e garantir que o trabalho de construção efetivamente realizado pelo empreiteiro cumpre os padrões de qualidade especificados e acordados em todos os aspectos. Para tal, o dono da obra (o cliente) garante que os documentos de gestão da produção são corretamente implementados e, se necessário, revistos durante o processo de construção.

Caraterísticas dos construtores residentes

O contratante local deve possuir as seguintes caraterísticas
1A capacidade de reconhecer antecipadamente os problemas, a fim de os evitar ou, caso ocorram, de os resolver rapidamente. Os cadernos de encargos devem ser bem preparados e completos.
2Interpretação: O dono da obra deve certificar-se de que o empreiteiro compreende perfeitamente as instruções verbais e as instruções do desenho e esforçar-se por resolver eventuais ambiguidades.

Registo: Manter um registo completo e adequado, uma vez que são depositadas grandes expectativas quanto à exatidão e objetividade deste registo.

Inspeção: Reconhece um desenho que não cumpre os requisitos ou um material que não está em conformidade com o contrato ou com as normas acordadas? É necessário inspeccioná-lo em pormenor e verificá-lo e medi-lo regularmente.

Relatórios: O candidato deve manter a sua organização/empregador e os outros consultores informados sobre a evolução do projeto numa base fixa. Isto significa também que deve informar imediatamente a sua organização/empregador e os outros consultores se surgirem situações que exijam decisões ou acções.

Documentos

Como construtor local, deve dispor dos seguintes documentos: 1 O contrato de empreitada, incluindo todos os aditamentos e alterações

2 Especificação da quantidade contratual (sem preço)

3 Todos os desenhos e programas do contrato

4 Dados técnicos

5 Documentação de gestão da produção do contratante, incluindo lista de controlo, formulários de inspeção, etc.

6 formulários de relatório, etc.

Responsabilidades dos inquilinos e dos proprietários dos edifícios

As suas responsabilidades na Resident Builders no âmbito do presente acordo incluem: 1 Gestão geral do processo de produção

2 Controlo da gestão da qualidade no local e fora do local

3 Controlo do cumprimento das medidas de precaução e de segurança

4 Contactar outros conselheiros e o empregador

5 Elaboração de relatórios de projectos

Gestão geral do processo de produção

As principais tarefas de um empreiteiro local incluem

1 Assegurar que o(s) cliente(s) dispõe(m) de pessoal técnico suficiente, competente e adequado no local

2 Controlo da eficácia da gestão do sítio

3 Inspeção dos trabalhos nos estaleiros dos empreiteiros, subempreiteiros e fornecedores, conforme necessário.

4 Controlo da regularidade e da boa execução das obras, em conformidade com os programas de construção

5 Manter um diário dos acontecimentos, um dossier das instruções recebidas e das observações pertinentes.

6 Verificar se há erros, incoerências e discrepâncias nos desenhos e informar a sua empresa e os seus consultores de planeamento

7 Controlo da utilização de determinadas técnicas

8 Informar a sua empresa e/ou o seu Designer. Consultores sobre os problemas que surgem e as soluções necessárias.

9 Fotografia regular e sistemática da instalação com carimbo de data e assinatura.

10 Participação em reuniões no local

Controlo da aplicação do plano de segurança e de saúde no trabalho pelos trabalhadores da construção residentes

O dono da obra local deve ter pleno conhecimento dos métodos de construção do empreiteiro e do plano de saúde e segurança do projeto, de modo a poder controlar adequadamente a sua aplicação. Deve verificar regularmente se o empreiteiro cumpre as suas obrigações em matéria de instalações de primeiros socorros, emergências, evacuação, sinais de aviso e afixação de avisos e cartazes adequados. O promotor

imobiliário residente deve estabelecer procedimentos para: 1 Inspecções regulares e verificações pontuais das medidas de saúde e segurança.
2 Tratamento de incidentes ou situações perigosas para a saúde 3 Incidentes com substâncias perigosas e consequentes atrasos devido a interrupções do trabalho.
4Relatório à sua empresa, entidade patronal e/ou outros consultores sobre casos de incumprimento e medidas corretivas tomadas **A relação do promotor residente com outros consultores e a**

Relações entre trabalhadores e empregadores

O empreiteiro local deve proteger sempre os interesses do cliente, registando e fotografando cuidadosamente as fases de trabalho. Deve comunicar ao cliente quaisquer alegações de vizinhos ou danos causados pelo trabalho do empreiteiro.

Relação com o coordenador ou gestor do projeto
Um empreiteiro residente que represente a sua organização ou empregador deve continuar a receber instruções da sua empresa, mas deve estabelecer uma relação definida com um gestor ou coordenador de projeto e ter procedimentos claros para comunicar as actividades no local, tais como reuniões no local, informações específicas nos relatórios de progresso, uma lista de verificação específica a utilizar em várias fases da construção e a conclusão prática dos projectos de construção, a entrada em funcionamento e a entrega.
A relação com o arquiteto
As tarefas e responsabilidades do arquiteto num projeto dependem do método de aquisição escolhido e da forma do contrato de construção. Independentemente do método de adjudicação utilizado para um determinado projeto de construção, o papel do arquiteto, nomeadamente do arquiteto residente, é diferente do de um consultor de construção.
O construtor residente está no local para gerir o processo de produção e garantir que o trabalho de construção efetivamente realizado pelo empreiteiro corresponde às informações de produção, dia após dia e fase após fase. Os arquitectos, engenheiros e topógrafos são responsáveis por garantir que as condições contratuais e as estimativas de custos são geralmente respeitadas. É da responsabilidade do empreiteiro residente gerir o processo de produção, o que inclui controlos diários pormenorizados, acompanhamento da gestão da qualidade, saúde e segurança do projeto e muito mais. No entanto, o empreiteiro residente e o arquiteto devem cooperar estreitamente nas seguintes áreas
Eliminação de ambiguidades nas informações sobre a produção
Discussão dos tópicos: Requisitos de informação / data de emissão; capacidade de conceção; método e sequência de conceção; qualidade de execução; métodos definidos; aplicação de regras e normas de engenharia
-Inspecções e ensaios de materiais e componentes, bem como relações com consultores de conceção.
O Engenheiro Civil assegura que os métodos e materiais de construção cumprem os critérios de desempenho estrutural. O promotor residente trabalha em estreita colaboração com o engenheiro de estruturas nas seguintes áreas

1. Inspecções regulares dos materiais de construção

2. Controlo da tolerância
3. Articulações
4. Cofragem e suportes temporários
5. Posições de reforço
6. Misturar, deitar, compactar e curar betão
7. Ensaios (por exemplo, estacas, assentamentos, cubos de betão, argamassa, etc.)
8. Montagem de estruturas de aço, incluindo a soldadura
9. Cofragem de impacto.

Os engenheiros de serviços de construção são responsáveis pelo planeamento, integração e coordenação dos sistemas de serviços de construção, como os sistemas eléctricos e mecânicos. O promotor residente entrará em contacto com estes engenheiros para supervisionar a instalação dos sistemas eléctricos e a sua integração no projeto global. O promotor residente assegurará que, antes da conclusão da instalação dos serviços públicos, o consultor relevante seja informado e tenha a oportunidade de rever a fase de trabalho concluída.

Relação com o técnico de cálculo

O orçamentista, contratado pelo dono da obra na maioria dos métodos de adjudicação e designado nos formulários-tipo dos contratos de construção, é responsável pela medição do trabalho efetivamente realizado, pela estimativa e pela gestão dos custos em nome do dono da obra durante a fase de construção. O empreiteiro local deve trabalhar em estreita colaboração com os engenheiros-avaliadores:

1 Manter registos diários do trabalho realizado e verificar se o trabalho foi efetivamente concluído.

2 Manter registos de todas as entregas no local

3 Manter registos dos materiais e componentes emitidos para a montagem de edifícios

4 Manter registos da evolução de todos os trabalhos no local

5 Manter registos detalhados dos trabalhos realizados antes da sua conclusão. O promotor residente deve assinar as folhas de registo diário e apresentá-las ao orçamentista ou ao coordenador do projeto para informação e ação.

Relação com o contratante

O construtor residente deve cooperar com os chefes de obra do empreiteiro (que devem ser também trabalhadores da construção civil) para assegurar o êxito do projeto, nomeadamente para garantir que o estaleiro se mantém arrumado, que os materiais não utilizados são devidamente armazenados e que as obras concluídas são devidamente protegidas. O diretor de obra residente deve recordar constantemente aos supervisores de obra as normas de qualidade definidas no contrato e reagir rápida e decisivamente em caso de desvios das boas práticas no estaleiro. Além disso, trabalha em estreita colaboração com o diretor de obra do empreiteiro para garantir que os testes, as inspecções e os preparativos para a entrega formal do estaleiro sejam realizados de forma eficiente.

Deveres de um trabalhador da construção civil ao abrigo de um contrato de trabalho direto

Como já foi explicado, os chefes de fila que devem dirigir a equipa de gestão da produção no âmbito deste regime não são chefes de fila residentes, mas sim chefes de local. Devem cumprir as funções de diretor de obra, tal como explicado supra. No entanto, os diretores podem continuar a desempenhar as seguintes tarefas e funções

Gestor de planeamento e recursos

1 Método de construção e processo de estaleiro rentáveis para todo o projeto de construção

2 Garante que todos os recursos são entregues no local de construção com a qualidade e a quantidade corretas.

3 Cria, implementa e actualiza o documento de gestão da produção imobiliária.

Gestão da qualidade total ou gestor de segurança

1 O proprietário do edifício desempenha as seguintes funções de responsável pela segurança:

2 Criação de um plano de gestão da qualidade para o projeto

3 Elaboração de um plano de saúde e segurança para o projeto

4 Assegura a execução segura de todos os trabalhos no estaleiro de construção

Os clientes como gestores de sítios

1 Distribui o trabalho entre os trabalhadores do estaleiro

2 Supervisiona os trabalhadores no estaleiro de construção

3 Em função da complexidade e do âmbito dos projectos de construção, devem estar presentes no local dois ou mais gestores de obra.

Proprietários de edifícios como gestores de contratos públicos

1 Obtêm e avaliam propostas e fazem recomendações para a aquisição de todos os materiais, componentes, subcontratos e outros serviços de construção.

2 Asseguram que todos os recursos necessários para o projeto de construção são adquiridos aos preços mais favoráveis e entregues no local de construção no momento certo.

Gestão eficaz da localização e elaboração de relatórios Gestão eficaz da localização e elaboração de relatórios Gestão eficaz da localização e elaboração de relatórios

A gestão eficaz do processo de produção da construção só pode ser economicamente viável se for criado um ambiente que encoraje a auto-motivação e o espírito de equipa para uma entrega feliz e eficiente do projeto. Além disso, os pontos seguintes contribuirão para uma gestão eficaz do estaleiro de construção.

As pessoas certas

O termo "engenheiro de construção" ou "diretor de obra" para o representante de uma empresa de construção é um termo impróprio, especialmente nos estaleiros de construção. Por isso, podemos ter gestores de obra.

1Subestruturas e trabalhos exteriores; trabalhos em betão; trabalhos em aço estrutural, etc.

Comunicação

Os canais de comunicação formais devem ser estabelecidos desde o início do projeto e comunicados a todas as partes envolvidas. As instruções podem ser escritas ou verbais. As instruções verbais permitem uma resposta imediata a um problema e podem ser facilmente alteradas. As instruções escritas implicam alguns atrasos, mas fornecem uma visão mais clara dos requisitos. O promotor residente dá instruções sobre questões relacionadas com alterações e adições à informação de produção se for o representante do empregador. O coordenador do projeto/gestor da obra, por outro lado, aprova as instruções se o contrato se basear em mão de obra direta.

Personalização

Trata-se da identificação das partes críticas e dos pontos de controlo da estrutura utilizando um instrumento de topografia menos sensível ou preciso. A pessoa mais suscetível de ser responsável pela instalação de estruturas no local é o gestor do local (gestor do sub-local)

Coordenação

É um processo que consiste em reunir todos os membros da equipa do projeto e coordenar os seus esforços para trabalharem em harmonia, utilizando a rede de comunicação mais eficiente possível, tanto verbal como escrita. Os seguintes procedimentos são normalmente utilizados para conseguir uma coordenação adequada. Relatórios de obra; reuniões semanais; reuniões com subempreiteiros; reuniões mensais de obra; reuniões de avaliação da qualidade; reuniões de saúde e segurança; reuniões de projeto.

Utilização de maquetas e painéis de amostra

Numa fase inicial de cada projeto, devem ser montados ou disponibilizados no local de construção modelos e painéis de amostras:

1 Criação de um registo permanente da qualidade exigida

2 Determinação do grau de aceitabilidade do elemento ou componente acabado

3 Apoio na determinação de métodos de conceção e tolerâncias óptimos

4 Apoio na avaliação das competências dos artesãos

5 Destacar áreas que requerem atenção especial durante a conceção e instalação de componentes

6 Identificação de problemas de montagem e manutenção não resolvidos e, por conseguinte, de potenciais áreas de melhoria no projeto/desenho da obra e nas peças.

Sistema progressivo

O progresso dos trabalhos é utilizado para rever, medir e registar os progressos em relação aos requisitos planeados e para mostrar os itens que podem ser adiados ou atrasados, a fim de cumprir ou regressar ao plano. O programa de construção deve ser registado mensalmente nas reuniões do local e os resultados incluídos nos relatórios mensais do gestor do local.

Controlo dos custos

O sucesso da gestão de projectos de construção depende de três critérios: qualidade, prazo e custo. Por conseguinte, o cliente é globalmente responsável pelo controlo dos custos, e a pessoa responsável pelo controlo dos custos no local de construção é o orçamentista.

Coordenação dos trabalhos de manutenção e reparação

A coordenação eficaz de todos os trabalhos de instalação mecânica e eléctrica no local é da responsabilidade direta dos coordenadores mecânicos e eléctricos e dos seus assistentes. Estes devem também ser engenheiros mecânicos e eléctricos; respondem perante o diretor da obra.

Criação de relatórios

Os relatórios redigidos pelos empreiteiros residentes são uma extensão da documentação do projeto da empresa. Os relatórios assumem três formas e devem ser redigidos de forma clara e eficiente;

Direcções da viagem

As instruções devem ser escritas em formato impresso, de modo a serem facilmente reconhecíveis e distinguíveis. Um procedimento claro para a emissão e confirmação de instruções escritas no local deve ser acordado por todas as partes antes do início dos trabalhos no local.

Diário do sítio Web

Utilizado para introduzir os seguintes dados:

1 Instruções verbais ou informações de outros conselheiros ou do cliente

2 Empregos diurnos e as razões pelas quais são considerados empregos diurnosO tempo, especialmente chuva forte, vento ou tempestades

3 Todos os acontecimentos, discussões, omissões, etc. que afectem ou estejam relacionados com o trabalho do empreiteiro.

4 Entrega de materiais e componentes no local de construção

5 Evolução das imobilizações corpóreas e incorpóreas

6 Eventos de construção importantes, tais como

7 Verter o betão e instalar a cofragem

8 Desenhos ou outras informações que os empreiteiros solicitem ou peçam a outros consultores.

9 Atrasos e suas causas, tanto durante como entre operações

10 Incidentes de gestão inadequada do sítio

11 Início de importantes trabalhos de subcontratação

12 Questões de direito do trabalho

13 Uma descrição de todos os testes observados, incluindo os nomes das pessoas envolvidas

14 Todos os trabalhos ou materiais rejeitados, incluindo as instruções relevantes e como e quando os defeitos serão rectificados.

15 Informações pormenorizadas sobre os visitantes do sítio Web

Para utilizar o sítio Web de forma eficaz, o Diário do Programador Residente:

1Abrir a agenda no dia em que o empreiteiro toma posse do estaleiro:

2Marcar objectos e eventos o mais rapidamente possível, mas definitivamente antes do final do dia

3 Se possível, registe as observações e notas na mesma ordem todos os dias.

4 Lembre-se de que um diário de objectos é um documento para registar um projeto e não um livro de trabalho pessoal.

Os responsáveis pelo desenvolvimento residentes devem enumerar as suas acções num caderno separado. Este caderno inclui também as perguntas que o elaborador residente faz aos outros consultores.

Relatórios periódicos

Um promotor local deve sempre organizar corretamente os seus relatórios:

1Iniciar cada relatório com o nome do projeto e numerar os relatórios/dados consecutivamente.

5 Organize o seu conteúdo em títulos claros e coerentes

6 Iniciar cada secção numa nova página, a menos que as secções sejam muito curtas

7 Utilizar um sistema de numeração simples

8 Anexar declarações, relatórios, etc. relevantes.

9 Assinar e datar o relatório

Figura 5.1 Mestre de obras em ação

Capítulo 6: Acompanhamento do desempenho do projeto

Introdução

A monitorização do desempenho envolve a comparação constante dos calendários e orçamentos actuais com o plano original. Uma monitorização eficaz mantém o projeto no bom caminho em termos de desempenho, calendário e custos. Os proprietários, que também são projectistas, precisam de se concentrar no seu plano e reagir rapidamente a problemas e alterações para se manterem no caminho certo.

Controlo do desempenho no local

Em todo o mundo, é evidente que os melhores planos podem correr mal e, para o evitar, é importante dispor de um sistema de alerta precoce. Como todos sabemos, trata-se de uma representação gráfica do período que decorre entre a receção das informações de produção pelos GESTORES DE CONSTRUÇÃO e o início dos trabalhos no local, tal como previsto no programa de construção.

O diagrama EWS mostra as actividades que serão concluídas antes do início dos trabalhos de construção para os elementos individuais do programa de construção. As datas indicadas no diagrama EWS representam as datas de fim das actividades que demoram mais de uma semana ou um mês.

Controlo eficaz

O controlo do projeto implica uma gestão cuidadosa do plano para garantir que este é executado sem problemas. A monitorização eficaz permite recolher informações para medir e ajustar o progresso em direção aos objectivos do projeto. Permite igualmente comunicar o progresso e as alterações do projeto aos membros da equipa, às partes interessadas, aos superiores hierárquicos e a outros, bem como justificar as alterações necessárias ao plano. Permite medir o progresso atual em relação ao que foi previsto no plano original. **Monitorizar a eficácia do diagrama EWS**

O cartão EWS foi concebido para criar um documento de controlo de entrega semanal para a equipa de gestão de produção do local. Para manter a utilidade deste cartão, o progresso deve ser monitorizado. O gestor de RH compila uma lista de itens pendentes e uma lista de itens que precisam de ser concluídos na próxima semana ou mês. Esta informação é particularmente importante para as reuniões de encerramento do Gestor Sénior de Construção. Todas as tarefas concluídas devem ser marcadas com uma cor diferente para cada semana ou mês, à semelhança do programa de construção.

Monitorização da conformidade do método de construção Um método de construção é uma forma profissionalmente concebida de realizar qualquer operação num estaleiro de construção, a fim de encontrar o melhor método de execução, ponderando os vários métodos alternativos que podem ser utilizados para um determinado projeto de construção e considerando se o projeto requer o método mais barato ou mais rápido. O que temos de monitorizar: Estamos a aderir à metodologia especificada no nosso esforço para encontrar soluções construtivas para os problemas no local? Os métodos especificados são adequados e suficientes? Também precisamos de ter a certeza de que certos problemas que requerem mecanização não são resolvidos manualmente, seja como for. Salientamos que não existem dois estaleiros de construção iguais, mesmo que neles estejam a ser construídos edifícios semelhantes, pelo que o método de construção deve ser único e específico para cada projeto. Por conseguinte, devemos esforçar-nos por respeitar o método de construção especificado, a fim de reduzir os custos e concluir a construção a tempo, sem comprometer a qualidade.

Programa de construção

Se concordarmos que o programa de construção garante que o projeto de construção será concluído dentro do prazo estabelecido ou acordado com o cliente, então é necessário monitorizar o seu cumprimento, coordenando adequadamente a necessidade de mão de obra, materiais, maquinaria e equipamento.

Acompanhamento da qualidade do projeto

Controlar a qualidade do projeto através do controlo da qualidade e da utilização da mão de obra, dos materiais, das peças e dos equipamentos, das inspecções e dos testes no âmbito do programa de auditoria da qualidade.

Acompanhamento do plano de saúde e segurança do projeto

O acompanhamento do plano de saúde e segurança do projeto implica controlar e garantir o cumprimento das políticas, objectivos, planos e programas de saúde e segurança. A implementação de planos e programas de saúde e segurança relacionados com a formação em segurança, prevenção de acidentes, procedimentos de prevenção e proteção contra incêndios, primeiros socorros, segurança no ambiente de trabalho, etc. é parte integrante do plano de saúde e segurança do projeto.

Os acidentes de trabalho ligeiros e graves são dolorosos para as vítimas e para as suas famílias, a menos que provoquem incapacidades para toda a vida, ou seja, a morte. São muito onerosos para os empregadores, que têm de pagar indemnizações aos acidentados, suspender o trabalho, desperdiçar materiais, etc.

Calendário dos pedidos de informação

Para que este calendário contribua para o bom funcionamento do projeto, a sua elaboração deve ser controlada e acompanhada.

Deve ser atualizado todos os meses, com uma certa frequência ou imediatamente antes da próxima reunião nas instalações, quando o IRS estiver a ser utilizado, devem ser lançados novos IRS e deve ter-se o cuidado de assegurar que toda a informação está disponível e pronta a ser utilizada.

Controlo da qualidade dos materiais, da mão de obra, das instalações e do equipamento e dos subcontratantes

Controlo da qualidade do material

Deve ser elaborado um plano de utilização de materiais que indique quando um material é necessário no local. Isto permitirá um controlo eficaz do sistema de encomendas e mostrará quando um determinado material/componente foi e está a ser utilizado através da monitorização. Disponibilidade dos materiais necessários, quer sejam locais ou importados, um meio comprovado de controlar a qualidade dos materiais é a utilização de fornecedores nomeados. Estes devem ser envolvidos desde o início, mesmo que sejam renovados ao mesmo tempo que o empreiteiro principal. Os funcionários devem ter uma integridade demonstrável.

Controlo da qualidade do trabalho

É necessário criar e utilizar um plano de trabalho. Este plano especifica o número de trabalhadores necessários para um determinado trabalho e as suas qualificações, consoante se trate de um projeto simples ou complexo, a natureza do projeto e a localização do projeto. Isto ajuda a minimizar os custos e a concluir o trabalho a tempo, sem comprometer a qualidade.

Instalações e equipamentos

Um plano de exploração indica quando, onde e durante quanto tempo uma determinada instalação ou equipamento será utilizado numa determinada área de trabalho. Também indica as máquinas necessárias para a empresa, que podem ser compradas ou alugadas. Essencialmente, ajuda a determinar o movimento de instalações e equipamentos dentro e fora da organização. Mostra também quando foi efectuada a última manutenção em determinado equipamento, que tipos de manutenção existem e quando será efectuada a próxima manutenção.

Controlo da qualidade do trabalho dos subcontratantes

Esta é uma das principais tarefas do empreiteiro principal. As fases de trabalho realizadas pelos subcontratantes devem ser acompanhadas e controladas em termos de qualidade, prazo e custo. Deste modo, o mau trabalho dos subcontratantes afecta a qualidade global do projeto.

Redigir relatório

A pessoa responsável por uma atividade deve apresentar um relatório sobre o trabalho realizado. O cliente, enquanto líder da equipa de produção, deve encorajar a equipa a levar a sério a elaboração de relatórios e a apresentá-los atempadamente. Os relatórios devem refletir o estado atual do projeto, os resultados alcançados desde o último relatório e quaisquer potenciais problemas, oportunidades ou ameaças. Como gestor do local, deve rever os relatórios e resumir o estado atual para a sua organização/cliente e partes interessadas. Depois de avaliar a importância das questões comunicadas, utilize o sistema de estado vermelho, âmbar e verde para definir a ordem de trabalhos da reunião de revisão, de modo a dar prioridade às questões mais urgentes ou assinaladas a vermelho.

A monitorização do programa do projeto fornece um registo do progresso de cada atividade individual, mas não uma medida da quantidade de trabalho que foi ou deveria ter sido concluída globalmente, ou de quantas semanas de avanço ou atraso o empreiteiro tem em relação ao programa. Em qualquer momento do projeto, é fácil identificar um objetivo em relação ao qual o progresso real pode ser registado e medido em termos de tempo de calendário, ou seja, quantas semanas de avanço ou de atraso em relação ao programa planeado. O método proposto baseia-se no conceito simples de contagem de quadrados, ou seja, contar o número de quadrados ocupados por cada histograma. A única condição é que o programa de construção seja mapeado como um histograma e registado no tempo. Nos processos de conceção e construção, um método que pode ser utilizado para controlar qualquer programa pré ou pós-contratual que inclua um número tão grande de actividades é frequentemente referido como um programa mestre, que é o foco deste volume. Outros programas são também utilizados nos estaleiros de construção para controlar o processo de produção, tais como: Programa de secção, programa de metas, programa mensal e programa semanal. A criação destes programas é mais fácil do que a criação de um programa de contrato. No entanto, a sequência e a cadeia lógica devem ser mantidas.

Revisão do projeto ou reunião no local

Existem dois tipos de reuniões de revisão: Uma revisão formal regular é realizada pelo menos uma vez por mês para acompanhar os sucessos e desafios pormenorizados na implementação do plano. Uma revisão baseada em eventos, para a qual as partes interessadas, como o cliente, são convidadas, é realizada quando são atingidos marcos importantes. Estas reuniões estão relacionadas com os objectivos comerciais do projeto. Estas reuniões podem ser convocadas para verificar se o projeto cumpre determinados critérios. Por vezes, o futuro do projeto pode ser posto em causa se os critérios não forem cumpridos.

Atualização do plano

Enquanto chefe da equipa de produção, peça ao coordenador do projeto para documentar as actividades de resolução de problemas em curso no centro de conhecimento como questões em aberto e para as avaliar em reuniões regulares. Problemas graves podem significar que o plano precisa de ser alterado significativamente. Talvez novas informações ou mudanças no ambiente externo invalidem o projeto na sua forma atual.

Os concorrentes podem fazer descarrilar o projeto, lançando novos produtos que utilizam componentes que tornam o projeto irrelevante. O programa pode ter de ser revisto antes de o projeto estar concluído, por exemplo, porque a data de conclusão foi alargada para ter em conta atrasos anteriores, ou porque o calendário, a duração, a conclusão ou a sequência das tarefas foram incorretamente programados ou alterados, eliminando algumas tarefas e acrescentando outras.

Se for decidido criar um novo programa que reflicta a nova situação atual, a curva de progresso prevista deve ser reavaliada. Os cálculos mostram que, no mês 24, os progressos estavam atrasados 4,6 meses em relação ao programa e que apenas 31,22 unidades tinham sido concluídas de um total de 61,75 unidades possíveis. Nesta fase, prevê-se que sejam acrescentados trabalhos adicionais ao programa e que este seja formalmente prorrogado por dois meses. Elaborei um programa revisto para mostrar estas alterações e também para mostrar como o trabalho em atraso (ou seja, 30,53 unidades de trabalho) será reprogramado para completar o programa original, de modo a que, a partir do mês 25, apenas o novo programa seja apresentado.

Daqui podemos concluir que o programa revisto tem uma duração de 67 meses e compreende 395,2 unidades de trabalho. O novo programa mostra que a atividade 4.1 foi aumentada em 4 unidades e a atividade 4.2 em 3 unidades, acrescentando 7 novas unidades de atividade. As considerações anteriores descrevem como gerir novas actividades para fazer face ao trabalho transferido, se a quantidade de trabalho e o tempo para cada atividade permanecerem inalterados, e como o trabalho adicional pode ser integrado nas actividades existentes, se o tempo for alargado em conformidade.

Para além dos programas contratuais, a preparação de desenhos, especificações, listas de quantidades e outros documentos contratuais, a apresentação de propostas, a fixação de preços, a análise e avaliação das propostas, a adjudicação de contratos, a encomenda de materiais, a preparação do local, a entrega e fixação de componentes, a deteção de falhas e a limpeza. A percentagem de trabalho que deve ser concluída, ou seja, pl=anne1d8%progress, pode ser determinada dividindo o número atual de trabalhos planeados pelo número total de trabalhos em todo o programa.

Ou seja, para o mês 24: $\frac{61.75}{342.3}$

Da mesma forma, o progresso total no final do mês 24 pode ser determinado dividindo o número total alcançado nesse momento pelo número total de unidades de atividade de todo o programa:

i.e. $\frac{31.22}{342,3} = 9.12\%$ aprox. 9%

Também se pode obter uma pontuação global somando as percentagens individuais e dividindo-as pelo número total de actividades em todo o programa, por exemplo.

Progresso total planeado: 1391

Número de eventos em

Programa geral: 45

$= \frac{1391}{45} = 30.09$ say 31%

Overall Achieved progress $= \frac{1150}{45}$

=25.6 say

26%

Aprendizagem baseada em projectos

Enquanto chefe de equipa, fale com o coordenador de conhecimentos sobre a publicação de um relatório que explique os resultados do projeto e enumere as informações relevantes, como os factos recolhidos e os procedimentos utilizados. Se o projeto puder ser substituído, reúna-se com os membros da equipa para analisar o projeto do início ao fim. A sua organização pode beneficiar muito com a prática do seguinte

Um modelo para um plano de projeto deste tipo, incluindo um diagrama de rede de síntese e um diagrama de Gantt.

Figura 6.1: Pessoal do estaleiro de construção a trabalhar

Capítulo 7: Contrato

Um contrato é um acordo entre duas ou mais partes para assumir ou cumprir determinadas obrigações. Deve ter uma base jurídica, os custos e a qualidade da prestação devem ser definidos com precisão e limitados no tempo. Por outras palavras, tem de haver uma oferta e uma proposta com uma base jurídica. Tudo isto será definido nos termos do contrato (ou seja, questões como o valor do contrato, implicações legais, datas de início e de fim, requisitos de seguro, propriedade da instalação, deveres e poderes do consultor profissional do cliente, gestão da mudança). Os documentos do contrato incluem: Formulário de Contrato, Formulário de Proposta, Desenhos do Contrato, Condições do Contrato, Especificações e Lista de Quantidades.

No entanto, para que um contrato seja válido, deve ser assinado um acordo entre o cliente/empregador e o empreiteiro. O empreiteiro compromete-se a cumprir e a efetuar as obras previstas no caderno de encargos. Estes incluem: Desenhos, lista de quantidades, especificações, cronogramas e termos do contrato.

Essencialmente, os contratos são redigidos "sob chancela", o que vincula ambas as partes, nos termos do direito comum, durante 12 anos a contar da data de registo da diferença. No caso de contratos não selados, este período é reduzido para seis anos a partir da data em que a diferença é declarada.

Forma do contrato

A forma do contrato depende do tipo de cliente e do tipo de contrato. Os contratos públicos são adjudicados de acordo com as condições do formulário GC/works/1, as obras de construção das autarquias locais e dos clientes privados são adjudicadas de acordo com as condições do contrato ICE e as obras de engenharia civil são adjudicadas de acordo com as condições do contrato JCT.

Termos e condições do contrato

A garantia do arquiteto é emitida se os trabalhos defeituosos tiverem de ser corrigidos no decurso da obra ou se o material defeituoso tiver de ser retirado do local de construção; deve ser feita por escrito e concluída no prazo de 14 dias.

Ordens de alteração: Refere-se a alterações ou modificações ao projeto especificado nos desenhos do contrato ou à qualidade ou quantidade especificadas nas facturas do contrato.

Instruções no local: Nos termos do contrato, o construtor residente tem o direito de dar instruções ao empreiteiro para chamar a atenção para discrepâncias nos desenhos ou nas facturas, tais como a remoção de trabalhos ou materiais defeituosos e a eliminação de artigos obsoletos.

No entanto, se estiverem previstas alterações, o arquiteto deve ser informado antes da encomenda.

Trabalho diário: Trata-se de um método de compensar o empreiteiro pelo trabalho efectuado ao abrigo de ordens de alteração e exige o pagamento do tempo e dos materiais utilizados para executar essa parte do trabalho.

Estimativa: O montante do trabalho efectuado e a quantidade de materiais armazenados no local são estimados pelo avaliador de 28 em 28 dias. O montante é pago ao empreiteiro, incluindo o custo do trabalho efectuado pelo subempreiteiro e o custo dos materiais, deduzido de uma percentagem acordada.
Certificado provisório: De 28 em 28 dias, o orçamentista apresenta ao arquiteto uma estimativa dos trabalhos executados e dos materiais disponíveis no local. O arquiteto, por sua vez, emite um certificado ao dono da obra, autorizando o pagamento ao empreiteiro, deduzida a retenção, entregando sempre ao empreiteiro uma cópia do certificado.
Fundo de retenção: 10% são deduzidos de cada orçamento mensal de 28 em 28 dias, após o que é emitido um certificado ao cliente para pagamento ao empreiteiro. Este processo continua até que 5% do montante total do contrato tenha sido retido. Este dinheiro será retido até à conclusão prática do contrato, altura em que serão libertados 2^%.
Montantes de custos marginais: Trata-se de montantes monetários incluídos nas facturas para determinar o custo de itens específicos. O contratante resume e determina estes e outros custos, incluindo o seu lucro. O contratante emite vales ou facturas para as mercadorias, indicando os preços reais menos quaisquer descontos recebidos.
Montantes provisórios: Trata-se de um montante fixo reservado para elementos como a subcontratação ou trabalhos especializados, num momento posterior à assinatura do contrato. O empreiteiro deve acrescentar o seu lucro e as despesas que considere necessárias.
Certificado de conclusão prática: Após a conclusão prática satisfatória do Contrato, o Consultor Principal emite um certificado de conclusão prática à Contratante, que por sua vez paga à Contratada todas as quantias devidas sobre o montante do Contrato, exceto 2^% do montante do Contrato, que é retido como Fundo de Retenção.
Compensação de montante fixo: Trata-se de um montante nominal acordado a pagar pelo empreiteiro à entidade patronal por cada semana, em especial por cada semana em que o contrato possa exceder a data de conclusão acordada. A taxa deve ser acordada antecipadamente para evitar que a entidade patronal reclame uma perda financeira superior à prevista. Os montantes são fixados no caderno de encargos e o empreiteiro não é obrigado a pagar indemnizações por períodos que ultrapassem a data de conclusão e para os quais lhe tenha sido concedida uma prorrogação de prazo nos termos do contrato. **Período de responsabilidade por defeitos**: Este período começa imediatamente após a emissão do certificado de conclusão prática. É um período de seis meses durante o qual o empreiteiro é responsável por quaisquer defeitos devidos ao facto de os materiais e a mão de obra não estarem em conformidade com os termos do contrato. A correção destes defeitos deve ser iniciada no prazo de 14 dias a contar da receção da instrução escrita.
Lista de defeitos: Após o termo do prazo de responsabilidade por defeitos de catorze dias, será fornecida ao Empreiteiro uma lista de defeitos. O Empreiteiro é obrigado a efetuar os trabalhos indicados na lista de defeitos num prazo

razoável após a sua entrega.

Certificado de Conclusão Final: Quando todos os defeitos listados no calendário tiverem sido satisfatoriamente corrigidos, será emitido um Certificado de Conclusão Final ao cliente, declarando que o trabalho foi concluído de acordo com os documentos do contrato. Isto significa que a retenção de 2^% do Proprietário é libertada e o orçamentista pode proceder à faturação final. Isto inclui pagamentos ao empreiteiro pelo trabalho efectuado durante o dia, por desvios e assim por diante. Este processo pode demorar vários meses.

Formulário-tipo de contrato da JCT

O formulário de contrato é corretamente designado por formulário de contrato normalizado JCT. Existem quatro versões que satisfazem requisitos diferentes:

1 Utilizado pelas autarquias locais quando as quantidades fazem parte de um contrato.

2 Como acima, mas sem quantidades, embora possam ser fornecidas especificações e gráficos.

3 Utilizado por arquitectos e empregadores privados quando a quantidade faz parte do contrato.

4 Como na alínea c), mas não são indicadas quantidades, embora possam ser dadas especificações e diagramas.

A especificação faz referência a vários regulamentos e à British Standard Specification, que não são definidos.

Clause 1: Obrigações do contratante.

Execução dos trabalhos de acordo com os Desenhos e Facturas do Contrato, Especificações, Cronogramas e Condições do Contrato para satisfação razoável do Arquiteto.

Clause 2: Orientações para arquitectos.

O arquiteto dá instruções ao empreiteiro por muitas razões, incluindo a qualidade do trabalho e dos materiais. Qualquer instrução dada pelo construtor residente deve ser confirmada pelo arquiteto residente no prazo de dois dias úteis. O construtor residente deve tomar notas quando o arquiteto residente dá instruções e manter um registo de todas as acções tomadas pelo empreiteiro.

Clause 3: Documentos do contrato. Estes incluem desenhos, listas de quantidades, especificações, calendários e condições contratuais. Ninguém tem o direito de alterar os termos do contrato, exceto o dono da obra e o empreiteiro, por mútuo acordo.

Clause 4: Obrigações do legislador.

É da responsabilidade do empreiteiro entrar em contacto com todos os organismos oficiais, tais como as autoridades locais, os serviços de água, eletricidade e telefone, etc., no interesse do cliente, para garantir que não são cometidos erros que possam afetar a conclusão satisfatória do contrato. O promotor imobiliário local deve estar presente em todas essas reuniões.

Clause 5: Partida.

Esta responsabilidade cabe ao empreiteiro. O cliente residente pode controlar a execução dos trabalhos, a fim de evitar erros e atrasos que possam ocorrer mais tarde e que não sejam do seu interesse.

Clause 6: Materiais, bens e transformação.

As melhores práticas devem ser aplicadas como parte das melhores práticas. O Empreiteiro Residente deve assegurar-se de que não há desvios em relação aos materiais especificados ou à qualidade do trabalho, o que deve ser comunicado ao Orçamentista e ao Arquiteto. Nos termos desta cláusula, o Arquiteto pode dar instruções ao Empreiteiro para retirar os materiais ou a mão de obra do local, se tal for do interesse do contrato.

Clause 7: Taxas de licença e direitos de patente.

Protege o cliente de reclamações decorrentes da utilização pelo empreiteiro de materiais ou métodos que possam levar a problemas de direitos de autor ou patentes para o cliente, como um sistema de construção patenteado por uma determinada empresa.

Clause 8: Artesão responsável.

O regulamento estabelece que o empreiteiro deve ter sempre um encarregado competente no local para receber instruções do arquiteto em nome do empreiteiro. Isto contribui para uma melhor supervisão e controlo no local de construção.

Clause 9: Acesso a objectos.

O empreiteiro deve facultar o acesso a: trabalhos em curso, incluindo andaimes, escadas, iluminação, oficina e fábrica onde os bens são fabricados para efeitos do contrato.

Clause 10: Programador residente.

O empreiteiro residente é o responsável pelo controlo em nome do dono da obra e estabelece a ligação com o arquiteto residente. Este emite instruções de construção que devem ser confirmadas pelo arquiteto residente no prazo de dois dias úteis, no interesse do andamento do contrato (ou seja, para evitar alterações na conceção ou no valor do contrato).

Clause 11: Alterações, custos provisórios e de base.

Alterações: Afectam tanto o valor como a data de conclusão do contrato. As alterações também são afectadas por: instruções do arquiteto, ou seja, pode haver um litígio com o empreiteiro sobre se se trata de uma alteração.

Montantes provisórios: São incluídos no montante do contrato para cobrir o custo de trabalhos que não puderam ser adequadamente estimados no momento da assinatura do contrato. O promotor imobiliário residente deve manter uma contabilidade separada dos trabalhos efectuados pelos profissionais.

Preço de custo: São incluídos no contrato para prestar serviços que não puderam ser selecionados no momento da elaboração do contrato.

Contingência: Trata-se de um montante previsto no contrato para cobrir os custos que não foram devidamente contabilizados na elaboração das facturas. O arquiteto residente controla os custos através das suas instruções.

Trabalho diário: Medição de itens específicos do contrato às taxas incluídas na proposta do Empreiteiro. O Empreiteiro deverá manter registos do tempo e materiais efetivamente gastos e as folhas de registo deverão ser submetidas ao Construtor Residente para assinatura, de modo a confirmar a exatidão da informação. O Empreiteiro deve notificar o Construtor Residente antes do início de qualquer trabalho que considere ser trabalho diário e deve apresentar as folhas de registo para assinatura durante a semana seguinte à semana em que o trabalho é efetivamente realizado.

Manutenção de registos: O construtor residente mantém registos precisos, anotando os pormenores relevantes dos trabalhos e introduzindo-os no diário de obra para cruzar com as folhas diárias fornecidas pelo empreiteiro.

Clause 12: Contas de contrato.

As facturas são emitidas em conformidade com o procedimento estabelecido no método normalizado de medição das obras de construção ou no código de medição das obras de construção de pequenos edifícios residenciais.

Qualquer contrato que inclua um mapa de quantidades deve ser bastante simples para o construtor residente. No entanto, se não for fornecido um mapa de quantidades, o construtor residente deve prestar muita atenção aos desenhos de pormenor. As facturas referem-se tanto à quantidade como à qualidade do trabalho e o construtor residente deve examiná-las cuidadosamente ao longo do contrato.

Clause 13: montante do contrato.

O montante total a que o empreiteiro se comprometeu para realizar todos os trabalhos em conformidade com os desenhos e facturas do contrato? No entanto, o montante pode ser alterado pelas seguintes razões: trabalhos adicionais no âmbito do contrato, atrasos no âmbito do contrato fora do controlo do empreiteiro devido a trabalhos não efectuados que devem agora ser incluídos. O Empreiteiro Residente deve prestar especial atenção aos atrasos evitáveis e informar imediatamente o Arquiteto Residente e o Orçamentista Residente.

Clause 14: Materiais e bens não garantidos ou em vias de extinção.

Os materiais entregues no estaleiro e devidamente armazenados são incluídos no cálculo do custo mensal e são, portanto, propriedade do cliente. O Construtor Residente deve assegurar-se de que estes materiais não são retirados do estaleiro sem autorização do Arquiteto Residente e que estão sempre bem armazenados.
Para além disso, os materiais da empreitada a realizar devem ser
Os trabalhos no exterior do estaleiro devem ser devidamente protegidos e regularmente controlados pelo empreiteiro residente.

Clause 15: Conclusão prática do edifício e responsabilidade por defeitos.

Com a emissão do certificado de conclusão prática da obra, é fixado o prazo para a responsabilidade por defeitos e o prazo para a medição final nos termos do contrato. O certificado expressa a satisfação do dono da obra com a medição ou com o trabalho efectuado e põe termo à responsabilidade do empreiteiro por danos na obra, mas não por defeitos ocultos. O certificado dá ao empreiteiro o direito de rescindir o seguro da obra e de receber metade da retenção, deixando 21 a 22% do montante do contrato para cobrir as suas obrigações até ao final do período de responsabilidade por defeitos.

As deficiências detectadas durante o período de responsabilidade serão comunicadas ao empreiteiro, sob instruções do arquiteto residente, e este deverá corrigi-las no prazo de 14 dias, sob pena de a entidade patronal ter o direito de subcontratar a obra a outro empreiteiro. Além disso, os custos serão deduzidos do fundo de retenção. É de notar que os danos causados pela geada após a execução prática do contrato não são da responsabilidade do empreiteiro.

Clause 16: Conclusão da secção.

Pode ser o caso quando o dono da obra precisa de receber parte do trabalho antes de todo o contrato estar concluído, por exemplo, um contrato de construção de uma escola em que são necessárias salas de aula, pavilhões desportivos ou laboratórios enquanto o resto do contrato está a ser concluído. É muito importante que qualquer trabalho inacabado ou defeituoso seja registado e comunicado ao dono da obra e ao empreiteiro para evitar litígios posteriores.

Clause 17: Subarrendamento da obra.

O Empreiteiro não poderá subarrendar a totalidade ou parte do Contrato sem o consentimento escrito do Contratante, ou sem o consentimento escrito do Arquiteto Residente. O objetivo é, essencialmente, evitar que o empreiteiro transfira as suas obrigações para outrem e garantir que a sublocação seja efectuada em conformidade com as cláusulas do contrato.

Cláusula 17a: é utilizada pelas autoridades locais para exigir que o empreiteiro cumpra todos os regulamentos relevantes sobre salários e condições de trabalho no local e mantenha registos adequados dos salários pagos e das horas trabalhadas no local. O contratante principal deve garantir que todos os subcontratantes cumprem as mesmas condições, tanto no local como nas oficinas onde são fabricados os componentes do contrato.

Clause 18: Ferimentos em pessoas e bens.

Esta cláusula confirma a obrigação do empreiteiro principal de indemnizar o dono da obra contra todas as reivindicações ao abrigo da lei ou do direito comum por danos pessoais ou materiais. A cláusula diz: "A menos que seja causado por um ato ou omissão da entidade patronal ou de uma pessoa pela qual a entidade patronal seja responsável". A entidade patronal é responsável pelo contratante residente, pelo que qualquer ato ou decisão da entidade patronal pode dar origem a um pedido de indemnização contra a mesma. A tónica é colocada na diligência do contratante residente para cumprir as obrigações da entidade patronal com o devido cuidado durante toda a duração do contrato.

Cláusula 19:_Seguro contra acidentes de pessoas e bens. **A cláusula 18 destina-se a** segurar a entidade patronal contra todos os sinistros, enquanto **a cláusula 19** garante que o empreiteiro e todos os subempreiteiros estão igualmente segurados contra os sinistros resultantes da execução da obra.

Clause 20: Seguro de obras contra incêndios.

Contém duas secções, (20b) e (20c). (20b) é uma alternativa à subscrição de um seguro pelo empreiteiro, mas o construtor residente deve prestar especial atenção a quaisquer condições que possam representar um risco de incêndio e comunicá-las imediatamente ao arquiteto.

A cláusula (20c) aplica-se quando a encomenda diz respeito à remodelação de um edifício existente que já está ocupado pelo cliente e é necessário um seguro correspondente em nome do cliente. Essencialmente, esta cláusula prevê a cobertura contra incêndios durante o período de construção.

Clause 21: Propriedade e conclusão.

Esta cláusula autoriza o Empreiteiro a tomar posse do estaleiro para a execução dos trabalhos e a devolvê-lo ao Dono da Obra após a conclusão dos mesmos. Qualquer atraso na data de tomada de posse do local da obra afecta automaticamente a data de conclusão do contrato, o que é importante para o dono da obra. Além disso, pode dar ao empreiteiro o direito de reclamar uma indemnização por perdas e danos por não ter cumprido o contrato como previsto. Deve ser organizada uma inspeção ao local para que o empreiteiro possa tomar posse do local e, posteriormente, registar todos os factos relevantes que possam afetar o seu trabalho.

Clause 22: Indemnização em caso de incumprimento.

O cliente tem o direito de deduzir a indemnização por incumprimento do contrato depois de o arquiteto residente ter liquidado todas as reclamações por desvios e atrasos. Em alguns casos, a indemnização pode ser calculada à taxa acordada, noutros à taxa estimada.

Clause 23: Prorrogação do prazo.

Isto pode ser feito sob instruções do arquiteto, por exemplo, em caso de mau tempo, incêndio no estaleiro, perturbações, etc. O empreiteiro local deve manter registos adequados destes incidentes no diário de obra. Os pedidos de indemnização ao abrigo desta cláusula podem implicar atrasos na prestação de informações ou mesmo a interferência do empreiteiro residente no andamento dos trabalhos, pelo que esta situação deve ser cuidadosamente acompanhada.

Cláusula 24: Distribuição do progresso regular da construção.

O Empreiteiro deve apresentar um pedido escrito de pagamento suplementar no prazo de 14 dias pelos seguintes motivos Ausência de informações, desenhos, níveis ou instruções do Arquiteto ou das pessoas que o representam no local. Se o Arquiteto concordar com o pedido, o montante será adicionado à soma do contrato e incluído no pagamento progressivo. Os atrasos causados por trabalhadores contratados nos termos da cláusula **29** serão igualmente tidos em conta como pagamento adicional se afectarem o andamento do contrato. Outras causas são: Atrasos devidos a discrepâncias entre as facturas do contrato e os desenhos do contrato; adiamento de parte do trabalho pelo arquiteto; interferência com o trabalho pelo empreiteiro residente.

Ponto 25: Definição de empregador.

O cliente pode rescindir o contrato acusando o empreiteiro de corrupção, de não cumprimento do prazo contratual ou de falência sem o conhecimento do cliente. Nesta altura, o empreiteiro local deve elaborar um relatório pormenorizado sobre os trabalhos, incluindo todos os pontos que possam causar danos ao cliente.

Regra 26:JDefinição do contratante

O Empreiteiro pode rescindir o contrato pelos seguintes motivos: Não pagamento do certificado, interferência ou obstrução do pagamento dos certificados pelo empregador, atraso na execução dos trabalhos por justa causa, incêndio grave no local, greves repetidas. O promotor imobiliário residente deve manter registos exactos. **Cláusula 27:** Subempreiteiros nomeados.

O contratante principal é responsável por todos os trabalhos executados pelos subcontratantes subcontratados como se ele próprio os tivesse executado. Os defeitos de material e de qualidade dos trabalhos efectuados por um subcontratante ficam a cargo do contratante principal. Os atrasos causados pelo subcontratante podem estar na base de um pedido de prorrogação de prazo por parte do empreiteiro. Estes serão regularizados através de montantes provisórios ou de despesas onerosas, de acordo com as indicações do Arquiteto.

Ponto 28:_ Fornecedores designados.

O promotor residente deve acompanhar de perto o fornecedor nomeado, que assegurará a qualidade das entregas nos locais. O empreiteiro pode alegar atrasos devido a problemas de instalação dos bens designados e o dono da obra residente deve estar atento a essas possibilidades. O pagamento aos fornecedores designados será efectuado por montantes provisórios ou por rubricas de custo emitidas segundo as instruções do arquiteto. O empreiteiro principal pode acrescentar 21/2% ao preço autorizado para um subempreiteiro nomeado e 5% ao preço do fornecedor nomeado. O empreiteiro principal não é responsável pela qualidade das mercadorias encomendadas, nem pelo seu armazenamento, mas o dono da obra encomenda as mercadorias nomeando os fornecedores indicados. O contratante principal tem direito a uma indemnização pelo atraso causado pela instalação das mercadorias indicadas.

Clause 29: Artistas e artesãos.

O empreiteiro principal não é responsável pelo trabalho dos especialistas que trabalham no estaleiro a pedido do dono da obra. Limita-se a conceder-lhes livre acesso ao estaleiro para efectuarem trabalhos. O promotor imobiliário local deve manter um registo do trabalho destes especialistas durante toda a sua estadia no estaleiro.

Clause 30: Certificados e pagamentos.

Todos os pagamentos ao Empreiteiro Principal serão efectuados ao abrigo desta cláusula e o Empreiteiro Residente só poderá ser afetado se o orçamento se dever a um mau acabamento ou a materiais que não cumpram as especificações. Qualquer problema que possa afetar o orçamento deve ser levado ao conhecimento do orçamentista. O empreiteiro local pode ajudar o orçamentista assegurando que existe documentação suficiente disponível no final do contrato.

Clause 31: Flutuações.

Os contratos podem basear-se num preço fixo, mas se o contrato permitir variações, o construtor residente pode ter de verificar os custos de mão de obra no local e confirmar as folhas de cálculo do empreiteiro todas as semanas ou todos os meses. Nalguns casos, o orçamentista concordará com um pagamento proporcional, o que evita muita burocracia e obtém o mesmo resultado. **Parágrafo 32:** Início das hostilidades.

Clause 33: Danos de guerra.

As cláusulas 32 e 33 destinam-se a regular a situação em caso de circunstâncias excepcionais. Esta situação pode levar à rescisão do contrato em detrimento de ambas as partes.

Clause 34: **Antiguidades.**

O promotor local deve ter o cuidado de localizar os sítios de interesse arquitetónico ou arqueológico dentro dos limites do contrato.

Clause 35: Arbitragem

Tanto o empreiteiro principal como o dono da obra têm o direito de recorrer a um árbitro em caso de litígio entre eles. Os poderes do árbitro incluem: Rever todas as decisões do Arquiteto Residente relativas ao ponto de litígio e rever todas as informações; o diário de obra desempenhará um papel importante no fornecimento de informações actualizadas, precisas e imparciais.

ht: Tipos de contratos de construção

Uma vez que um projeto de construção é reconhecido como viável e realizável, é da responsabilidade do empregador escolher um método de aquisição adequado para a execução do projeto. O tipo de contrato de construção escolhido determinará a relação, as obrigações e a comunicação entre o cliente, os consultores e o empreiteiro. No entanto, os métodos de adjudicação internacionalmente reconhecidos para projectos de construção são os seguintes

1. Conceção e construção.
2. Desenvolvimento e gestão.
3. Método tradicional.
4. Gestão de projectos.
5. Contratos de gestão.
6. Chave na mão.
7. Construção, exploração e transmissão.

Documentos do concurso

Os seguintes documentos são necessários para apresentar uma proposta para um projeto de construção:

1Assinaturas e calendários dos contratos

Os desenhos e planos do contrato são elaborados por um gabinete de arquitetura encomendado pelo cliente. Os desenhos descrevem o edifício projetado em pormenor, incluindo desenhos de trabalho, todos os elevadores, cortes longitudinais e transversais do edifício. Os planos indicam as dimensões, formas, comprimentos e quantidades dos materiais e componentes individuais a serem utilizados na construção do edifício.

Dados técnicos

As listas de quantidades devem ser preparadas tanto pelo arquiteto como pelo orçamentista. Todas as especificações devem referir-se às normas industriais nigerianas, às normas britânicas e aos códigos de prática que devem ser estudados e copiados para efeitos de construção.

Explicação resumida

A estimativa de custos é preparada pelo orçamentista com base nos desenhos de execução e nas especificações do contrato. Todas as explicações adicionais sobre a estimativa de custos estão contidas na secção 12, tal como está escrito acima

Termos e condições do contrato

As condições contratuais contêm informações importantes sobre a forma como o projeto deve ser gerido. Estas condições podem ser acrescentadas às informações contidas nos documentos técnicos acima mencionados. O documento contém as seguintes informações: Início e fim do contrato, requisitos de seguro, propriedade parcial da instalação, responsabilidades e autoridade do consultor profissional do cliente, gestão de mudanças e outros.

e: Concurso

Uma empresa de construção aceita um convite de um cliente, apresentando documentos de concurso para um contrato.

Fases afectadas

1 O processo de concurso é composto por cinco fases diferentes;

2 Decisão de lançar um concurso: Esta decisão deve ser tomada pela direção depois de os resultados do estudo de viabilidade e de exequibilidade serem satisfatórios.

3 Recolha de informações: Estas informações podem ser obtidas a partir de desenhos, calendários, especificações, listas de quantidades, acordos contratuais e condições contratuais.

4 Elaboração de uma estimativa de custos: Trata-se da chamada estimativa de custos do empreiteiro.

5 Reuniões de avaliação das propostas: Deve ser realizada uma série de reuniões com o orçamentista, o gestor da conceção e dos recursos, o gestor das aquisições e o gestor sénior da obra para avaliar a exequibilidade e a viabilidade do projeto proposto. Aspectos como os termos do contrato, os riscos do contrato, as propostas de subcontratantes e fornecedores, os requisitos de pessoal técnico e de gestão, o volume de trabalho da empresa, as condições de mercado, a reputação do cliente, do empreiteiro e dos consultores, o capital necessário para todo o projeto, os materiais, as instalações e o equipamento, as despesas gerais totais necessárias, o lucro líquido necessário, o montante da proposta, a duração do contrato e o método de construção devem ser considerados aquando da apresentação de uma proposta.

Condições a ter em conta antes do concurso

1 O contratante deve ter em conta as seguintes condições antes de apresentar uma proposta para um contrato:

2 A estimativa deve ser efectuada com tempo suficiente.

3 Para avaliar as condições do contrato, verifique todas as alterações e cláusulas especiais.

4 Definição clara de temas como marcos, acesso ao estaleiro, restrições ao horário de trabalho, condições perigosas ou desagradáveis

5 O valor do contrato e a quota-parte do contratante principal devem ser determinados.

6 Avaliar o risco associado aos termos do contrato.

7 A conceção deve ser bem pensada.

8 A empresa deve confirmar se tem conhecimentos ou experiência anteriores com este tipo de projeto.

9 O mapa de quantidades é elaborado em conformidade com o SMM (Standard Measurement Method).

10 Quem são os outros empreiteiros convidados a apresentar propostas e verificar se este tipo de trabalho é adequado para a empresa.

11 A situação atual do mercado e outras questões económicas e políticas também devem ser tidas em conta.

12 O contratante deve também ter em conta as possibilidades financeiras e os regulamentos do cliente.

13 Relações anteriores do contratante com o dono da obra, seus consultores e subcontratantes contratados ou nomeados

Horários

A principal tarefa do empreiteiro é trabalhar com consultores, fornecedores, subcontratantes e trabalhadores para gerir a produção de forma eficiente. Os diferentes tipos de calendários são descritos a seguir:

1 **Calendário dos materiais**

Deve ser preparado com base em desenhos e não numa lista de quantidades. A lista de quantidades ajuda a efetuar as encomendas com cuidado e a entregar e armazenar os materiais no local. Além disso, a entrega dos materiais no estaleiro deve ser escalonada de acordo com o programa de construção, a fim de evitar um duplo manuseamento e danos excessivos.

2 **Plano de trabalho dos subcontratantes**

Desta forma, é possível organizar o trabalho dos empreiteiros e dos subempreiteiros de modo a que o início e a conclusão das suas fases de trabalho sejam registados no programa de construção do empreiteiro principal. O seu calendário deve ser elaborado aquando da análise do mapa de quantidades.

3 **Activos fixos tangíveis**

Estes requisitos são determinados pela metodologia de construção e os prazos previstos baseiam-se no programa de construção elaborado para o projeto de construção.

4 Plano de trabalho

A informação para o plano de trabalho é retirada dos registos utilizados pelo orçamentista na preparação do orçamento e da metodologia de construção. É útil para garantir que o estaleiro está devidamente equipado e para determinar o número e o horário dos artesãos e dos trabalhadores.

Gráficos de Gantt

O calendário de construção mais utilizado é o diagrama de barras ou diagrama de Gantt, que foi desenvolvido por Henry L. Gantt durante a Primeira Guerra Mundial; é muito simples, fácil de criar e fácil de compreender.

Um gráfico de barras é constituído por uma série de actividades enumeradas numa coluna vertical, com o tempo indicado numa escala horizontal. Para cada atividade, são indicadas as datas estimadas de início e fim e a duração é indicada pela barra horizontal à direita da descrição. O início e o fim aproximados de cada atividade podem ser determinados utilizando a escala de tempo horizontal no topo do gráfico. O comprimento da barra indica a duração da atividade. Em geral, as actividades são apresentadas por ordem cronológica, de acordo com a sua data de início.

Basicamente, cada barra indica a hora de início e de fim de uma atividade específica. Regra geral, a barra indica o primeiro dia em que a atividade deve ser executada e o último dia em que a atividade deve ser concluída. O número de dias de trabalho efetivo entre estas duas datas não é indicado. Um histograma com barras contínuas é mostrado abaixo. Um gráfico de barras também pode ser criado para mostrar quando o trabalho real está programado para ser interrompido, usando uma barra pontilhada (não sólida), como mostrado abaixo**.** No entanto, o gráfico abaixo mostra uma comparação entre barras contínuas e não contínuas.

Preparar um gráfico de barras

Primeiro passo: Determinar quais as actividades que devem ser incluídas no calendário. Isto pode ser feito dividindo o trabalho em actividades de construção mais pequenas e limitadas e listando estas actividades num gráfico de barras. No entanto, o trabalho no diagrama de barras é selecionado com base em contas de custo ou itens de estimativa, por subcontratante ou por secção de especificação.

Os histogramas baseados em actividades de trabalho são mais valiosos como ferramentas de planeamento e controlo. A escolha depende, portanto, do que o planeador pretende visualizar para efeitos de planeamento ou controlo.

Uma vez selecionadas e listadas as encomendas, a sua duração é estimada. Finalmente, o planeador determina a sequência e insere-a no calendário. A sequência é normalmente definida por um ponto final para uma atividade e um ponto de início para outra. A duração das actividades no diagrama de barras pode ser de vários meses ou vários anos.

Cada atividade do diagrama de barras que dure mais de 3 meses deve ser dividida em partes mais pormenorizadas. O diagrama de barras deve incluir um título com o nome e a localização do projeto, uma breve descrição de cada atividade e barras que representam as actividades e indicam o período de tempo em que serão realizadas. Tradicionalmente, as datas apresentadas no gráfico de barras para uma determinada

atividade representam a primeira hora de início e a primeira hora de fim de cada atividade. A última hora de início e a última hora de fim podem ser adicionadas utilizando linhas tracejadas ou símbolos para marcar estes pontos. O histograma deve incluir a data de criação e de atualização. Regra geral, um gráfico de barras não deve conter mais de 100 actividades, pois um número superior é difícil de ler e utilizar. Um gráfico de barras também pode conter dados adicionais e, se houver demasiados dados adicionais, o gráfico torna-se menos compreensível.
Os dados do cabeçalho incluem: Localização do projeto, proprietário do projeto, promotor do projeto, número do projeto, montante do contrato, data de adjudicação, data de atualização do estado atual e quaisquer actualizações anteriores. A informação nas descrições de trabalho pode incluir a duração do trabalho, código de trabalho, valor em dólares, valor de conclusão, estado do código de custo e tipos e quantidades de recursos. Os gráficos de barras podem ser utilizados para tornar os métodos de calendarização complexos numa forma mais compreensível.
Histograma para o edifício de 42 andares na Figura p.13 abaixo: a tarefa "lajes de granito" deve ser concluída em julho, agosto e setembro de 1988. A colocação das placas de granito deve estar concluída na primeira semana de setembro. A tarefa "Telhados e chapas metálicas" deve começar na última semana de agosto. Note que este gráfico de barras, como a maioria dos gráficos de barras, não mostra um dia específico de início ou fim, mas a escala de tempo horizontal pode ser usada para aproximar as datas. Muitas das barras da Fig. pág. 15 abaixo coincidem com o início dos trabalhos de cobertura e de latoaria. Este facto sugere que os trabalhos de cobertura e de latoaria podem ter começado pouco antes da conclusão das lajes de granito. De acordo com o calendário, as lajes de granito, os vidros e os alumínios, bem como as clarabóias, serão concluídos mais ou menos na mesma altura. [rdth] Além disso, os trabalhos mecânicos e eléctricos no 43° andar, os trabalhos mecânicos e eléctricos no 5° andar e os trabalhos de manutenção dos elevadores e escadas rolantes deverão estar concluídos ao mesmo tempo. [1]Os elevadores dos pisos inferior, intermédio e superior só estarão concluídos em fevereiro de 1988, ou seja, dentro de cerca de 3 /" meses.
A conclusão dos pisos 8, 9 e 10 está prevista para a primeira semana de novembro. Os pisos 11, 12 e 13 seguir-se-ão cerca de uma semana mais tarde, e a conclusão dos blocos de três pisos continuará no edifício até que os pisos 41 e 42 estejam concluídos em meados de março de 1989.

Histogramas computorizados

Os sistemas informáticos equipados com uma impressora podem criar histogramas. Se estiver disponível uma plotter, pode ser criado um histograma melhor e mais pormenorizado. Alguns programas gráficos criam histogramas simplesmente definindo tarefas de início e fim para os histogramas. Muitos programas comerciais de planeamento podem ser utilizados para criar um histograma para uma rede.

As informações nos gráficos de barras incluem: Fluxo de caixa previsto; Receita mensal real; Número total de trabalhadores previsto; Número total de trabalhadores real; Número de trabalhadores previsto por atividade; Número de trabalhadores real por atividade; Produtividade prevista e Produtividade real.

Vantagens dos gráficos de barras

1 Muito simples - adotado para um planeamento e programação eficientes (fácil de ler e interpretar)

2 Utilizado em certos projectos de construção, como auto-estradas ou oleodutos, em que o empreiteiro tem de ajustar constantemente o calendário para fazer face a problemas relacionados com as condições meteorológicas.

3 Podem ser produzidos facilmente, o que facilita a elaboração de calendários irrealistas.
Ao criar o gráfico de barras, é possível trabalhar para trás a partir da data de conclusão conhecida do projeto. Isto significa que o planeador pode construir uma barra que represente a última atividade, de modo a que esta termine na data prevista para a conclusão do projeto. O planeador pode então atribuir as colunas de outras actividades para cobrir o tempo disponível.

4 O histograma pode ser personalizado alterando a hora de início do histograma com base nas horas de início e fim das acções anteriores.
É possível criar histogramas com tipos de trabalho, inícios e fins arbitrários ou irrealistas. Quando o histograma é carregado com custos e utilizado para pagamentos mensais ao empreiteiro, é fácil "transferir" os custos para trabalhos planeados mais cedo, melhorando assim o fluxo de caixa do empreiteiro.
Esta situação é favorável ao empreiteiro, mas não é do interesse do cliente, que paga por um trabalho que ainda não foi efectuado. Esta técnica é designada por "early loading" ou "front loading".

Desvantagens dos gráficos de barras

1Um gráfico de barras não pode mostrar todas as subtilezas da interação entre várias actividades.
Os gráficos de barras 2A são difíceis de criar quando existem ligações contínuas entre muitos trabalhos e quando vários trabalhos têm de trabalhar em conjunto para concluir o projeto.
Estas e outras deficiências levaram ao desenvolvimento de uma abordagem mais sofisticada, conhecida como planeamento da rede do caminho crítico, que pode incorporar uma variedade de actividades e representar graficamente as suas relações entre si.

Método do caminho crítico (CPM)

Estes métodos são designados por método I-J (também designado por "atividade de seta", AOA, ou "método do diagrama de setas", ADM) e "método do diagrama de precedências", PDM, (também designado por "atividade de nó", AON). A diferença entre os dois métodos é que no método I-J, uma atividade é definida como uma seta entre dois nós numerados, enquanto que no método do diagrama de precedência, uma atividade é representada como um nó e as setas indicam relações lógicas entre as actividades.
O diagrama de antecipação é, na verdade, um derivado do diagrama de calendário original do tipo atividade-sobre-nó (AON). Na sua forma mais pura, um diagrama AON não permite relações entre avanço, atraso, fim, início e fim, ou início e fim. A maioria dos programas de computador disponíveis atualmente que utilizam a técnica AON permite relações entre avanço, atraso, fim e início. Um planeador pode executar

uma técnica de planeamento AON pura com software prioritário, evitando simplesmente a utilização de relações e atrasos adicionais. A técnica de programação em rede foi inventada em 1956 e 1958, quando se investigou a viabilidade da utilização de computadores na programação de projectos de construção. Foi aplicada pela primeira vez em 1961 para reduzir o tempo de manutenção de 125 horas para 78 horas.

Os termos seguintes são utilizados no planeamento de redes:

Actividades: são os elementos em que se divide um projeto de construção. São etapas de trabalho que têm um início e um fim reconhecíveis e são tarefas que consomem tempo. É necessário um número suficiente de actividades para controlar o calendário,

Estrutura analítica do projeto: Trata-se de um sistema hierárquico que decompõe os elementos mais importantes de um projeto. Nos calendários I-J, o trabalho é dividido de acordo com os "eventos".

Um evento é um ponto no tempo que marca o fim de uma ou mais actividades anteriores e o início de uma ou mais actividades de eventos subsequentes. Nos programas PDM, a atividade está no centro das atenções.

Duração: o tempo necessário para concluir cada atividade. Não existem normas para a duração dos trabalhos. A duração da maioria das actividades de construção é expressa em dias úteis, mas pode ser expressa em dias de calendário, meses, semanas, horas ou minutos, dependendo do trabalho planeado. Todas as actividades de mão de obra intensiva têm uma duração específica.

Lógica: a ordem pela qual as actividades devem ser executadas. O início de algumas actividades depende da conclusão de outras. Por exemplo, um telhado não pode ser construído sem que a plataforma do telhado tenha sido colocada e o parapeito erguido. A ordem de trabalho ou lógica deve ser concebida tendo em conta a segurança, o espaço e a estrutura.

Diagrama lógico: é uma representação gráfica de uma sequência de acções, podendo também ser referido como uma "rede".

Diagramas de rede: Símbolos que representam as actividades necessárias para concluir um projeto e as relações lógicas entre essas actividades. Nos diagramas I-J ou "seta de atividade", as setas representam actividades e os círculos (chamados "nós") representam eventos. O comprimento das setas não tem nada a ver com a duração. Nos diagramas PDM ou de "atividade sobre nó", os nós são normalmente representados por uma caixa ou um círculo. Os nós representam actividades e as setas apenas mostram as ligações lógicas entre as actividades.

Atividade nos diagramas de setas.

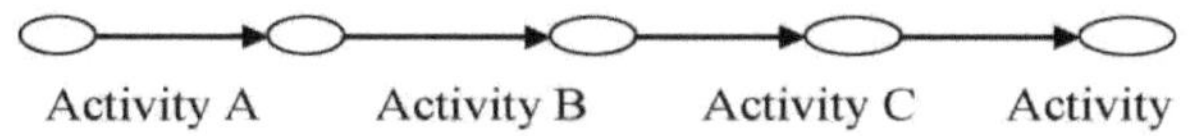

D

Activity-on-node diagrams.

Figura 10.1: Método do caminho crítico

Definição da atividade profissional

Ao criar qualquer tipo de calendário, é necessário
dividir o
âmbito global
do projeto em actividades suficientemente pequenas para que o trabalho possa ser controlado.
possam ser controlados
.
possam ser controlados
.
possam ser controlados. Ao identificar as relações lógicas entre as actividades, é possível estabelecer uma sequência de construção para que o diretor da obra possa controlar o progresso e concluir o projeto conforme necessário. Nenhuma atividade deve ser tão pequena que não complique ou prolongue o calendário, ou tão grande que o trabalho não possa ser controlado.

Determinação da duração

O tempo necessário para realizar uma atividade, que pode ser expresso em minutos, horas, dias úteis, dias de calendário, semanas ou meses. A duração de uma atividade depende da quantidade de trabalho, da natureza do trabalho, do tipo e da quantidade de recursos disponíveis para realizar a atividade, do facto de o trabalho ser realizado num ou mais turnos ou durante um período de tempo e dos factores ambientais que afectam o trabalho. A duração do trabalho é o resultado de uma ponderação cuidadosa dos seguintes factores:
Processo de construção; calendário do projeto; sequência de construção; impacto do clima e do terreno na produção; trabalho paralelo; qualidade da supervisão; formação e motivação da mão de obra; complexidade das tarefas.

A duração é determinada com base nas tarefas sucessivas que compõem a atividade e na duração prevista do dia.
produção e a quantidade de mão de obra necessária para cada tarefa. É calculado dividindo a mão de obra necessária pela taxa de produção diária. Exemplo: Suponha que a taxa de produção diária para um grupo de pavimentação é de 500 metros cúbicos por dia e que são necessários 8.000 metros cúbicos para todo o trabalho:

Duração = 8.000 metros cúbicos = 16 dias úteis.500 metros cúbicos por dia

Os horários utilizados para a medição do tempo requerem mais precisão do que os horários utilizados para a gestão do tempo.

Investigação empresarial

Um nó representa um evento ou um momento no tempo. O nó 12 representa um momento em que se pode iniciar a atividade "Estabelecer e escavar" e a atividade "Encomendar e entregar reservatórios de combustível". O nó 18 representa um momento em que a atividade "Estabelecer e escavar" pode ser concluída e a atividade "Instalar cablagem externa e tubagens nos reservatórios" pode começar. O nó 22 é o momento em que as actividades "Instalar tanques de combustível" e "Instalar cablagem externa e tubagens nos tanques" devem ser concluídas.

Encomendar e entregar o elevador hidráulico.

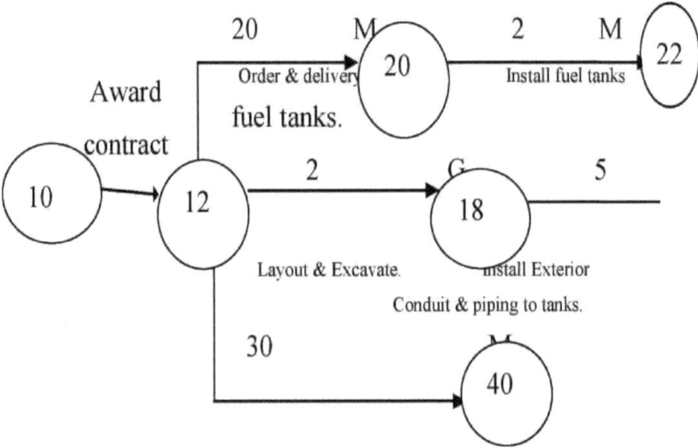

Figura 10.2: Determinação da duração

Diagrama I-J parcial

Existem três trajectos, como mostra o diagrama acima (entre os nós 12 e 22). O primeiro caminho é constituído pelos nós 12, 20 e 22: actividades 12-20 "Encomenda e entrega dos reservatórios de combustível" e actividades 20-22 "Instalação dos reservatórios de combustível". A duração do primeiro percurso é de 22 dias. A atividade 12-20 tem uma duração de 20 dias e a atividade 20-22 tem uma duração de 2 dias. O segundo percurso é constituído pelos nós 12, 18 e 22: actividades 12-18, "traçado e terraplenagem", e actividades 18-20, "instalação das tubagens exteriores e das linhas para os reservatórios". As actividades 12-18 têm uma duração de 2 dias e as actividades 18-22 têm uma duração de 5 dias. A terceira via é constituída pelas obras 12, 18, 20 e 22 com uma duração total de 4 dias. Os trabalhos 18-20 não estão associados a mão de obra ou tempo. Esta atividade é também conhecida como "atividade fictícia ou dissuasora". A primeira atividade é o "caminho crítico" porque é a mais longa. As actividades 12-20 e 20-22 são "actividades críticas" porque se encontram no caminho crítico. O segundo caminho tem uma duração de 7 dias e o terceiro caminho tem uma duração de 4 dias, sendo estes caminhos não críticos. Se as actividades 12-18 e 18-22 do segundo caminho tiverem um atraso superior ao do primeiro caminho, o segundo caminho torna-se crítico e controla a conclusão das actividades

Cálculo do tempo de espera

O diagrama seguinte mostra o tempo necessário para instalar os pilares de betão do edifício das salas de aula. O número de minutos para cada coluna foi medido e o tempo registado. O gráfico abaixo mostra que foram necessários 50 minutos para colocar o betão na coluna. Foi o caso de 16 das 64 observações.

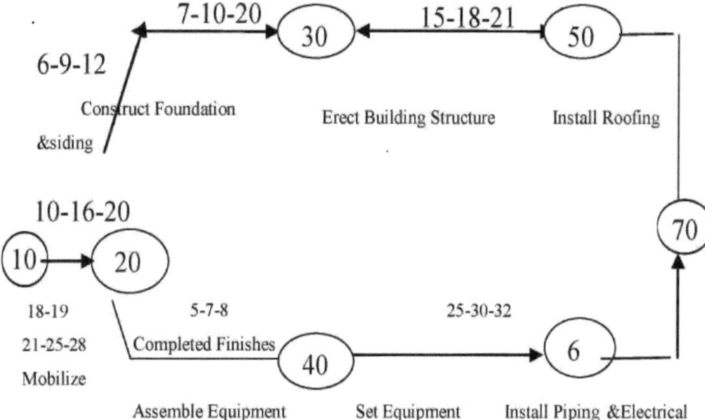

Figure 10.2: Updating Schedules

Atualização do horário

A figura abaixo mostra o diagrama de barras utilizado para o calendário de conclusão do edifício de escritórios de 42 andares. O mesmo calendário é aqui apresentado, atualizado em meados de fevereiro para mostrar a evolução dos trabalhos.

A data da atualização é indicada por uma linha vertical de pontos e traços nos dados da atualização. Cinco actividades foram concluídas no momento da atualização. As datas de conclusão efectivas são representadas por triângulos preenchidos. As datas de conclusão previstas são representadas por triângulos abertos. A linha tracejada mostra que a data de conclusão do contrato foi revista, mas não indica a razão do atraso de quase 2 meses após a data de conclusão revista. O atraso na conclusão pode dever-se a trabalhos adicionais para os quais o empreiteiro ainda não recebeu uma prorrogação de prazo ou ao facto de o empreiteiro não ter feito progressos suficientes. De acordo com o relatório, seis obras estarão concluídas nas próximas duas semanas e as restantes obras nos próximos três a quatro meses.

Como reduzir a duração do projeto

A forma mais fácil de encurtar a duração de um projeto ou de parte dele é eliminar as restrições desnecessárias entre as diferentes actividades. Outra forma é alterar a ordem das actividades, dividindo-as em actividades mais pequenas que podem ser realizadas simultaneamente, reduzindo assim a duração total através da duplicação de diferentes actividades.

1 Medidas para remediar as consequências do acidente

2 As acções de um projeto podem ser classificadas de uma das seguintes formas:

3 Trabalhar em vários turnos

4 Dias de trabalho alargados

5 Utilização de dispositivos maiores ou mais produtivos

6 Aumento do número de artesãos

7 Utilização de materiais com métodos de instalação mais rápidos

8Aplicação de métodos ou processos de construção alternativos

Análises de tempo de execução e de custos

É utilizado para determinar a duração e os custos alternativos das actividades utilizadas no processo de anulação - ver quadro e diagrama abaixo

Quadro 10.1: Exemplo de actividades no caminho crítico

Atividade	Normal Distribuição	Duração do acidente Dia	Normal Valor	*Acidente Valor*
A	120	100	N12,000	N14,0 00
B	20	15	N1,800	N2,80 0
C	40	30	N16,000	N22,0 00
D	30	20	N1,400	N2,00 0
E	50	40	N3,600	N4,80 0
F	60	45	N13,500	N18,0 00

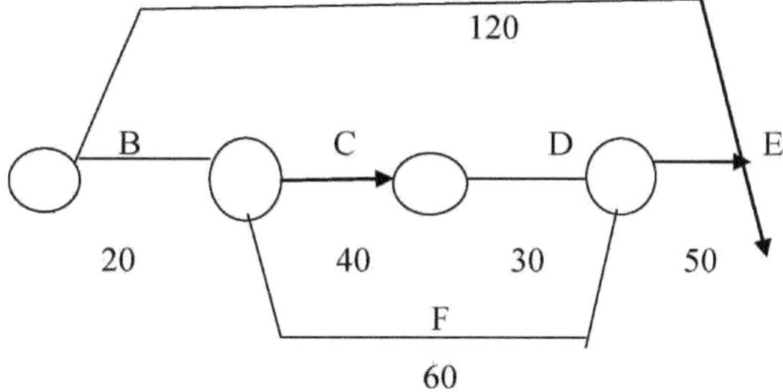

Figura 10.3: Rede de projectos simples para compressão

Assumir que a relação entre a duração e o custo de cada atividade é uma função linear e contínua entre os pontos da duração do acidente e da duração normal. Utilizando a duração normal (ND), a duração do acidente (CD), o custo normal (NC) e o custo do acidente (CC), podemos determinar o declive do custo do acidente para cada atividade da seguinte forma SA = CC-MC/ND-CD

=#14,000 -#12,000/120 - 100

=#100/dia

SB = #200/dia

SC=#60/dia

DP =#60/dia

SE = #120/dia

SF =#300/dia

Planeamento de recursos

Depois de os empreiteiros terem avaliado o trabalho a realizar na sequência mais lógica e económica, é necessária uma análise mais aprofundada para criar um calendário de construção viável e eficiente. Os estrangulamentos na mão de obra, nos recursos, nos materiais e no equipamento podem afetar significativamente o início, a execução e a conclusão dos trabalhos e resultar no prolongamento do projeto para além do calendário previsto.

Nivelamento dos recursos

A escassez de recursos pode ser gerida através do ajustamento da utilização dos recursos de modo a que as datas de conclusão planeadas, as datas de início antecipado e tardio e as datas de conclusão antecipada e tardia sejam cumpridas.

Planeamento com recursos limitados

Em muitos casos, não é possível programar o trabalho de modo a que o número máximo de recursos não exceda os recursos disponíveis e que os tempos de início antecipado, início tardio, fim antecipado e fim tardio sejam cumpridos. Nestes casos, a duração total deve ser aumentada para cumprir as restrições.

O processo de utilização dos recursos

Este é o montante total de recursos de interesse para cada dia, para determinar as necessidades totais de recursos do projeto numa base diária.

Ajuste/análise do flutuador

Isto pode ser utilizado para analisar uma reclamação se a cláusula de planeamento permitir que o aumento seja atribuído a todas as actividades. Pode não ser adequado ou aceitável analisar o aumento se o contrato atribuir a propriedade do aumento ao proprietário.

Tipo de construção

A aplicação do método "as built" é difícil devido às limitações do método do caminho crítico. Trata-se de um método que garante que a estrutura é construída de acordo com os desenhos, especificações e calendários finais.

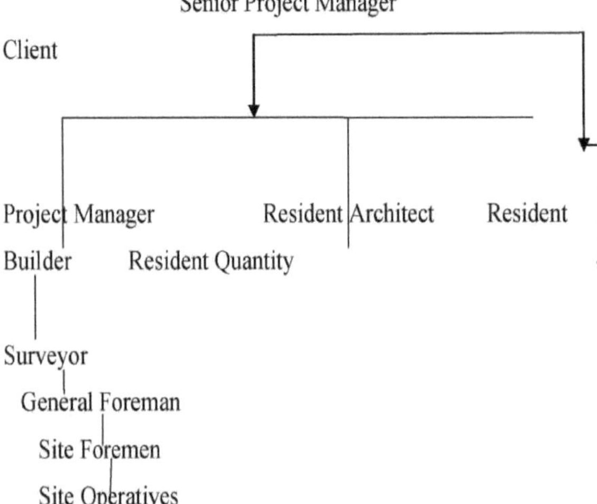

Orientações e procedimentos de localização

Diagramas de linhas

A formulação de políticas e a implementação de procedimentos para operações eficientes no local dependem dos seguintes factores: Localização e localização do sítio, tipo de projeto (simples ou complexo), dimensão do projeto (pequeno ou grande) e tipo de método de aquisição utilizado.

Um projeto de construção simples e pequeno

Complex and Large Building Project

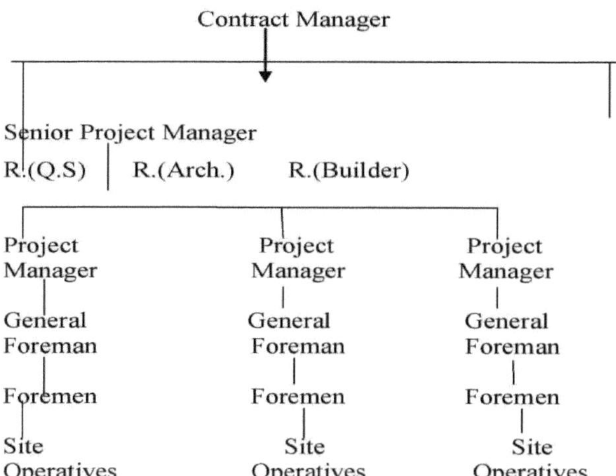

Capítulo 8 : A organização do sítio Web

Segurança das instalações

Painéis e vedações:_ Estes devem ser cuidadosamente planeados para proporcionar os benefícios desejados ao menor custo possível. É necessário obter uma autorização das autoridades de planeamento antes de erguer um painel num local aprovado e utilizar materiais e tipos aprovados.

Factores a considerar ao selecionar o método e os materiais para a vedação:

Risco de segurança com diferentes tipos de vedações: Numa zona bem iluminada, as vedações "abertas" podem oferecer mais segurança do que as vedações fechadas.

1 Perigo para o público se as vedações "fechadas" não forem utilizadas

2 Quaisquer restrições de produção no local que possam ser aplicáveis ao tipo fechado

3 A necessidade de criar uma boa imagem nos centros das cidades

4 Duração da obrigação de entesouramento

5 Custos

É de notar que os sinais duplos com uma distância de um metro (esta distância pode ser preenchida com arame farpado) podem não ser suficientes para dissuadir os ladrões noturnos no centro da cidade.

No entanto, as vedações de painéis de contraplacado proporcionam uma excelente privacidade, atrás da qual os ladrões e os vândalos podem atuar a poucos metros das pessoas. Este risco de segurança pode ser reduzido através da instalação de plataformas de observação (os americanos chamam-lhes "sidewalk diretors platforms") na feira da ladra e organizando a iluminação da zona de modo a que algumas luzes possam ser deixadas acesas, para que um potencial ladrão nunca tenha a certeza de não estar a ser observado. Além disso, a demolição de muros ou edifícios existentes deve ser programada. É desejável uma entrada única ou um portão existente. Os portões ou postos de controlo podem ser utilizados para controlar melhor os visitantes e os condutores de camiões que se aproximam do local. A sua localização deve ser elevada para que possam ver a parte de trás dos camiões para "verificar" as cargas que chegam e garantir que a parte de trás do camião está vazia ou contém apenas a carga necessária quando sai do estaleiro.

Segurança:_ É necessário ter guardas de segurança para os turnos do dia e da tarde para garantir a eficiência. Além disso, a utilização de um sistema de alarme ligado aos escritórios do estaleiro constitui uma melhoria da segurança do estaleiro. É importante garantir que os estaleiros de construção estão devidamente protegidos durante o período de Natal e outros feriados e fins-de-semana. Os cães de guarda também podem ser muito eficazes, mas a sua utilização deve estar em conformidade com a Lei dos Cães de Guarda de 1975. Um treinador deve estar presente no local quando o cão estiver a ser utilizado.

Sistema de sinalização

Pode utilizar alarmes contra intrusão que se dividem em duas categorias. Estes são instalados nas portas ou janelas dos edifícios, ou utilizam alarmes de vibração para grandes áreas não fechadas, como complexos. Ambos os sistemas são caros e não são fáceis de arrombar.

Fechaduras

Uma pessoa competente pode ser responsável pelo fecho e desbloqueio, que deve viver perto do local de construção e cuja presença deve ser comunicada à polícia local. As chaves dos cacifos e dos armazéns de ferramentas devem ser guardadas à guarda de pessoas limitadas e de confiança. Ao planear o estaleiro, os escritórios e as instalações exteriores devem ser localizados, sempre que possível, de modo a serem cobertos pela iluminação pública da autoridade local, ou a iluminação dos escritórios deve ser deixada ligada durante a noite, e deve ser instalada iluminação de segurança externa se o risco for elevado. Se o local for novo, a direção do local pode discutir com a polícia local formas de evitar infracções penais.

Cantina

É um dos alvos preferidos dos vândalos e dos ladrões, pelo que devem ser tomadas precauções especiais para evitar roubos. A cantina deve ter em conta as necessidades especiais de ventilação dos edifícios das cantinas. Se as janelas estiverem fechadas com tábuas, pode ser necessário instalar exaustores.

Sala de secagem

Os funcionários guardam os seus objectos pessoais e dinheiro nesta sala. Se alguém precisar de acesso durante o resto do dia de trabalho, deve ser acompanhado. Cada pessoa deve ter o seu próprio cacifo. Devem ser afixados avisos que isentem a empresa de responsabilidade por objectos de valor perdidos no local. O pessoal de escritório deve ser instruído para não deixar dinheiro pessoal nas secretárias ou gavetas ou carteiras nos casacos.

Escritórios no local

Sala de segurança, sala de secagem, contabilidade de salários, papelaria e carimbos, ferramentas de topografia, armazenamento de materiais, parques de estacionamento, escadas e andaimes.

Layouts do site

São influenciadas pelo tipo de construção, pela densidade do empreendimento e pela topografia da zona. Devem ser tidos em conta três factores: Instruções de procedimento, implantação do sítio, programa global. Factores a ter em conta:

A dimensão do edifício projetado e a área disponível para as obras.

1 O volume do edifício em relação à área do terreno.

2 Âmbito do trabalho abaixo da superfície

3 Localização da instalação

4 Ambiente

5 O facto de o local ser plano ou inclinado, a natureza do solo e a presença de obstáculos no terreno, como fundações antigas.

6 Acesso e estado de evacuação

7 Tipo de construção, incluindo o grau de normalização na seleção dos materiais

8 o tipo de materiais, por exemplo, betão pré-fabricado versus blocos pré-

fabricados ou componentes fabricados no local a disponibilidade de materiais e a fiabilidade com que essa disponibilidade pode ser prevista
Duração do contrato e volume de produção previsto.
O calendário das diferentes fases de construção depende da época do ano. A construção de edifícios baixos e de baixa densidade num terreno plano com um grande número de apartamentos pode exigir a utilização de um empilhador. A construção de um edifício alto num local urbano compacto não é possível sem a utilização de alguns tipos de gruas-torre. No entanto, alguns materiais devem ser colocados na posição final ou perto dela, tais como betão pré-fabricado, elementos de betão pré-fabricado grandes e pesados e gaiolas ou escadas rolantes.

Posicionamento de stands e lojas

Os seguintes factores devem ser considerados antes de decidir a localização de uma cabana ou de um acampamento:
1Utilização final da sala
2Quando é que os gabinetes devem ser desmantelados para satisfazer as exigências do programa de construção?
Antes do início da construção, a localização ideal das cabinas deve ser visualizada em quatro ou cinco etapas. Finalmente, é possível definir uma localização de compromisso para todas as cabinas e instalações, tais como linhas de abastecimento e de distribuição temporárias, que devem ter uma localização fixa "de uma vez por todas" no estaleiro de construção.
Muitos destes elementos devem representar um compromisso entre o que é desejável e o que é possível, colocando-se a questão da relação custo-eficácia.

É desejável que as lojas onde as mercadorias são armazenadas e os locais de trabalho estejam o mais próximo possível uns dos outros. Por exemplo, se o custo de empregar um homem é de 24 dólares por dia e se um homem pode andar 3 quilómetros por hora a preços normais, então, para um dia de trabalho de 8 horas, receberá 1 dólar por andar um quilómetro. Supondo que as lojas se encontram a 100 metros do local de trabalho, podem ser determinadas as seguintes taxas para cada trabalhador:

1 Caminhada da loja para o local de trabalho às 08:00 a.m. 100m

2 A viagem de regresso com um chá matinal
200m

3 Pausa para almoço
200m

4 Regresso ao local de trabalho e às lojas às 17.00 100m.
6 idas à casa de banho durante o dia
100 m = 700 m
=700 mx5 dias 3,5 km por semana para 50 operadores 175,0

=Quilómetros por semana, custos de envio semanais #175.00 Deve evitar-se o seguinte durante a permanência no local:

Ruído excessivo, poeira excessiva no ar, sujidade nas vias públicas e obstáculos nas vias públicas
Em condições de espaço exíguo, onde o trabalho não pode ser efectuado, pode recorrer-se a um estaleiro temporário ou à sede do empreiteiro para este efeito. Neste caso, coloca-se o problema do transporte da cofragem ou da carpintaria, do aço de reforço ou das estruturas de aço, etc., do local de montagem para o local de construção. Isto pode exigir a utilização de contentores normalizados, paletes e contentores de armazenagem, que podem ser necessários para os subcontratantes que trabalham fora do estaleiro.

Problemas com os edifícios altos

Quando se constroem edifícios altos, é rentável disponibilizar casas de banho no interior do edifício. Se a altura do edifício e o número de pessoas que nele trabalham não permitirem a instalação de um elevador de passageiros, devem ser feitos esforços para minimizar o tempo que as pessoas passam a subir e a descer escadas ou lanços de escadas para utilizar as instalações.

Comunicação no local

Para que um projeto seja concluído de forma harmoniosa, eficiente e satisfatória, é necessário estabelecer canais de comunicação entre as partes e atribuir responsabilidades a alguém. Em muitos acordos contratuais, é nomeado um arquiteto e, nos concursos de montante fixo, o empreiteiro principal é responsável.
Três centros de comunicação durante o projeto: o arquiteto, o gestor do contrato e o gestor da obra. As áreas de informação comuns são indicadas a seguir:

1 Planeamento de materiais
2 Ligação com a sede do subcontratante
3 Comunicação com o subcontratante no local de controlo
4 Dar instruções aos trabalhadores
5 Organização e participação em reuniões de coordenação
6 Planeamento e criação de programas de produção
7 Ler, compreender e interpretar desenhos e especificações
8 Criação de desenhos e esboços
9 Escrever cartas e ler cartas
10 Autocomunicação - Pensamento
11 Preenchimento e transmissão de vários relatórios de produção e financeiros à sede

Reuniões no local convocadas pelo gestor do contrato (mensais) Participantes:

1 Secretário do Trabalho.
2 Gestor do sítio.
3 Encarregado geral.
4 Gestores de subempreiteiros que estavam a trabalhar no estaleiro de construção na altura.

5 Compradores de sítios Web.
6 Secretário

Uma reunião semanal convocada pelo diretor do sítio e na qual participam as seguintes pessoas

1 Encarregado geral
2 Coordenador de materiais
3 Planeador
4 Chefe de obra no estaleiro
5 Encarregado de um subcontratante

No entanto, o objetivo da reunião de projeto é permitir que as partes envolvidas no projeto coordenem as suas acções e comparem os resultados alcançados até ao momento com os resultados esperados até então. A reunião de projeto deve ser organizada, positiva, faseada e justa.

Transporte de materiais no estaleiro

Movimento horizontal:

1 Nível do solo
2 Em andaimes exteriores
3 Interior do edifício

Movimento vertical:

1 Descida para a escavação da cave
2 No topo do interior do edifício

Tipos de carga:

1 Solos, materiais a granel, agregados, barras de aço, barras de reforço, cofragem, blocos pré-fabricados, paredes divisórias, placas de gesso de grande formato, caixas de aço-cobre, janelas envidraçadas, carpintaria de madeira dura, treliças de telhado, tectos falsos, azulejos, luzes, tubos, instalações e equipamento para utilização no interior e no exterior do edifício.

Lucro do projeto: ....4%.

Despesas gerais: ....12%.

Plano: 20%

Acções preparatórias: 4%

Trabalho: 30%

Materiais: 10%

Resíduos de materiais: 10%

Bruto, por exemplo, 50

Custo: 30

Limpeza: 20

Capítulo 9 : Rotatividade da mão de obra {cálculos}

O recrutamento e a contratação de mão de obra são dispendiosos:
Taxa de despedimento: número de despedimentos durante o ano x 100
Número médio de trabalhadores durante o ano x 1

Categorias

1Mulheres que deixam de trabalhar devido ao casamento ou ao nascimento de um filho, ou o marido e principal responsável pelo sustento da família é transferido para uma nova área que exige uma mudança de casa, ou uma categoria semelhante de prestador de cuidados

2 **Reforma**

1 Porque o trabalho não se adapta à pessoa ou a pessoa não se adapta ao trabalho.

3 **As plantas: O método tradicional de cálculo**:

#k
Custos de investimento da máquina
10, 00000
Juros sobre o capital a 10% durante 5 anos da sua vida
6, 10500
16, 10500

Deduzir o valor estimado da transação
2,00000
14, 10500
Manutenção geral, peças sobressalentes,
Tempo de instalação @ 5% dos custos de capital por ano (5 anos) 2.
50.000
Reparações de capital, duas @ 20% das despesas de capital
4, 00000
Custos de funcionamento a 2% dos custos de investimento por ano 1,
00000
Total das despesas 21,605. 00

Número total de semanas de trabalho durante 5 anos = 240 semanas (5x48) a 75 % de utilização = 180 semanas Renda semanal 21,605/180 semanas = € 120,00 Nota: Se o custo de substituição do aparelho for de € 15.000, os custos de depreciação ascendem a € 5.000.

Cálculo dos custos da inflação

#K
Despesas de capital
10,00000
Preço de compra da oferta de substituição

5 anos, pressupondo uma inflação de 6^% por ano

<u>14, 02600</u>

<u>24, 02600</u>

Custo médio do capital

12, 01300

Acréscimo de juros ao custo médio do capital de 5 % durante 5 anos

<u>6, 10500</u>

No total

18, 11800

Dedução do custo da transação

2, 00000

Montante líquido

16, 11800

Manutenção geral, peças sobressalentes, trabalhos de serralharia a 5% da média

Despesas de capital por ano durante 5 anos

3, 00500

Reparações de capital, duas @ 20% dos custos médios de capital

4, 81000

Custos de exploração a 2% dos custos médios de capital

1, 20000

Dos registos: 75% de utilização da capacidade = 180 semanas

Taxa semanal = #25,133/180=#140.

Nota: O cálculo não inclui os salários brutos do pessoal de condução nem os custos de combustível e de seguro. A desvantagem do cálculo inflacionário é que a taxa de deslocação semanal calculada será elevada no início do período de 5 anos e baixa no final. **Controlo de qualidade**

A qualidade são as caraterísticas do próprio produto e a forma como este satisfaz as necessidades do utilizador.

Os critérios incluem:

Mensurabilidade, durabilidade ou fiabilidade, custos de manutenção minimizados, precisão dimensional, estabilidade e resistência estrutural, compatibilidade ambiental (por exemplo, isolamento), etc.

Consequências da falta de controlo

1 Desempenho insuficiente que conduz a uma menor satisfação dos utilizadores ou a custos de manutenção mais elevados.

2 Danos estruturais em casos extremos

3 Tempo de paragem da produção para os empreiteiros devido a um extenso trabalho de retificação de defeitos

4 Perdas de produção para o contratante devido à perda do fluxo de produção

5 Abrandamento da produção devido à falta de feedback sobre

problemas relacionados com erros de montagem, resultando em trabalho de montagem adicional

Categorias de defeitos

1 Construção e tecnologia de construção inadequadas

2 Defeitos nos materiais utilizados (fraqueza inerente, preparação incorrecta, aplicação incorrecta, mau acabamento e armazenamento incorreto)

3 Imprecisões dimensionais durante a instalação, especialmente com peças pré-fabricadas e quando se trabalha no local

4 Proteção inadequada do trabalho concluído e dos materiais armazenados 5 Há muitos factores que podem afetar a organização de um projeto de construção e que, por sua vez, podem afetar os deveres do gestor do contrato. Estes incluem: a natureza do projeto, as expectativas do cliente em relação à empresa, a tecnologia utilizada, a dimensão do projeto e da empresa, a disponibilidade e a qualidade da mão de obra, e a política da empresa em matéria de subcontratação e contratação de mão de obra direta.

Pequenas empresas de construção

Trabalham com contratos que cobrem os custos de reparação e manutenção, decoração e serviços gerais.

Grandes empresas de construção

Realizam contratos nas áreas da construção de habitações em grande escala, pintura e papel de parede, carpintaria e marcenaria, trabalhos eléctricos, construção de estradas e esgotos, aprovisionamento e entrega, construção de instalações, formação e educação do pessoal, estimativa de custos, topografia, controlo da produção, contabilidade e marketing.

Capítulo 10 Gestão da manutenção dos projectos

O mapeamento e a avaliação comparativa são reconhecidos como importantes ferramentas de gestão para compreender a forma como o valor é criado para os clientes e são utilizados no sector da construção em rápida evolução. Explicam que a utilização de técnicas normalizadas de mapeamento de processos, do Programa Britânico de Boas Práticas de Construção (CBPP) e dos Indicadores-Chave de Desempenho (KPI) ajudam as empresas a satisfazer os requisitos dos clientes. Dividem o mapeamento de processos em dois tipos: mapas verdadeiros do que realmente acontece nas organizações e registos do que deveria acontecer, ou seja, mapas verdadeiros. A relação entre o mapa e o protocolo é o tema da reformulação dos processos empresariais e explicam ainda que as duas abordagens encaram o mapeamento de processos como uma implementação de TI relacionada com a engenharia de sistemas (método de definição integrativa para a modelação funcional {IDEFO}): a chamada abordagem de engenharia. Os defensores da abordagem de engenharia da gestão de projectos são os seguintes:
Henry Gantt - pai dos métodos de planeamento e controlo, desenvolveu o diagrama de Gantt como ferramenta de gestão de projectos (alternativa - monograma: proposto pela primeira vez por Karol Adamec) - Henri Fayol - propôs cinco funções de gestão que constituíram o corpo de conhecimentos da gestão de projectos e programas.
O modelo do caminho crítico (CPM) foi desenvolvido conjuntamente pela Dupont Corporation e pela Remington Rand Corporation para a gestão de projectos de manutenção empresarial. A metodologia de avaliação e apreciação do programa PERT foi desenvolvida pela Booz Allen Hamilton no âmbito do programa do submarino de mísseis Polaris da Marinha dos EUA (em colaboração com a Lockheed Corporation).

Documentos de informação sobre a produção do projeto (PPID)

Os documentos de informação sobre a produção do projeto são documentos que contêm desenhos, listas de quantidades, especificações, calendários e condições contratuais. Ajudam a organizar todo o projeto do início ao fim, tendo em conta eventuais alterações.

1 Desenhos e programa

Os desenhos e planos são a representação gráfica de objectos (ou seja, todos os elementos relevantes de um edifício) através de linhas (linhas horizontais, linhas oblíquas ou linhas verticais). O autor explica ainda que os desenhos incluem todos os desenhos arquitectónicos, eléctricos, mecânicos e acústicos relacionados com um projeto em construção ou planeado. Além disso, o autor enumera os diferentes tipos de planos: Os planos de materiais elaborados a partir dos desenhos, os planos de subempreiteiros - tanto internos como subcontratados - baseados numa revisão da lista de quantidades e dos dados dos subempreiteiros retirados do programa de construção, os planos de instalações e equipamentos (elaborados a partir da metodologia de construção e do programa de construção) e os planos de mão de obra (elaborados a partir das estimativas e da metodologia de construção).

2 Dados técnicos

Estes documentos informativos fornecem pormenores sobre os tipos, a natureza, as dimensões e as quantidades de materiais ou componentes a utilizar em conformidade com as normas aplicáveis. Estas normas incluem Normas Britânicas, Normas Europeias, Normas da Indústria Nigeriana e Códigos de Prática.

3 Fatura

Um mapa de quantidades é um documento que descreve e especifica os preços dos materiais e componentes de construção necessários, bem como a mão de obra necessária para o projeto. O documento contém informações pormenorizadas sobre o tipo, a natureza, o tamanho, a forma, a quantidade e o preço dos materiais e componentes e é elaborado com base em desenhos.

4 Condições do contrato

Os termos do contrato contêm informações importantes sobre a forma como o projeto deve ser tratado. Os termos do contrato incluem: Datas de início e conclusão, requisitos de seguro, propriedade parcial dos locais, deveres e autoridade do consultor profissional do cliente, tratamento de desvios e outros custos relevantes, questões legais e técnicas contidas nos documentos técnicos mencionados acima.

5 Gestão de projectos

No passado, os esforços concentraram-se mais no planeamento do projeto do que no seu controlo. As funções de gestão de projectos nas ferramentas e métodos existentes estão menos desenvolvidas. Durante a fase de construção, é importante documentar com precisão e atempadamente uma grande quantidade de informações sobre o progresso da construção (em termos de recursos, dados de custos, métodos de construção, dados de controlo de qualidade, comunicação escrita ou verbal, grau de progresso e acções de várias partes) para facilitar a análise do progresso e as acções corretivas. Os projectos de construção de estradas são lineares e repetitivos por natureza, lineares (auto-estradas, oleodutos, etc.), não lineares verticais (edifícios altos) e lineares parcelares (por exemplo, reabilitação de estradas e pontes em vários locais).

A prática atual de documentar esta informação em vários formulários electrónicos e em papel e a informação frequentemente pouco clara e imprecisa conduz a mal-entendidos, a uma avaliação incorrecta do desempenho do projeto e à falta de sistemas de alerta precoce.

Os métodos manuais de acompanhamento e documentação das informações de conclusão são imprecisos e exigem mais esforço dos gestores de obra e das suas equipas, o que é provavelmente mais difícil na gestão de projectos. Os e-mails, as mensagens de texto e as chamadas telefónicas estão normalmente disponíveis para todos no local. Estas ferramentas poderosas e económicas têm um grande potencial para melhorar a comunicação do projeto.

Procedimentos de controlo de projectos

O quadro desenvolvido para a programação e gestão de projectos inclui três processos: Relatórios de cronograma, otimização de acções corretivas e análise forense de cronogramas. O quadro pode conter vários relatórios sob a forma de gráficos de linhas e de Gantt, bem como uma função de exportação para o programa Microsoft Project.

Documentos de gestão da produção de projectos

Os documentos de gestão da produção são documentos que contribuem para uma gestão quotidiana eficiente e eficaz do estaleiro de construção. Estes documentos incluem: Programa de Construção, Metodologia de Construção, Diagrama do Sistema de Alerta Precoce e Planos de Requisitos de Informação.

1 Programa de construção (PC)

O programa de construção baseia-se nos métodos de trabalho, nos condicionalismos da construção (tempo ou recursos) e nas instalações e equipamentos. O objetivo do programa de construção de um projeto de construção é registar as intenções acordadas com o cliente ou com os seus agentes, mostrar a sequência dos trabalhos e o desempenho global da mão de obra e do equipamento, fornecer uma boa medida para monitorizar o progresso e o controlo do projeto e evitar alterações arbitrárias ao projeto.

2 Impacto das caraterísticas do projeto de construção (CPF) na saúde e segurança

As lesões e mortes relacionadas com acidentes de construção causam enormes prejuízos ao sector da construção. A saúde e a segurança no local de trabalho tornaram-se uma das principais preocupações nos estaleiros de construção. Existem duas hierarquias principais de factores causadores de acidentes, nomeadamente os factores principais ou de raiz de um acidente e os factores imediatos. Foi salientado que é necessário ter em conta as causas profundas para se conseguir uma melhoria sustentável da saúde e da segurança. É de salientar que os principais factores causadores de acidentes ocorrem na fase de pré-construção de um projeto, quando as pessoas envolvidas no projeto têm uma grande oportunidade de influenciar a saúde e a segurança através das suas decisões e do planeamento da saúde e da segurança.

As caraterísticas do projeto de construção (CPF), ou seja, as caraterísticas organizacionais, físicas e operacionais dos projectos de construção, inserem-se nesta categoria de factores causais fundamentais, uma vez que são o resultado de decisões tomadas antes da construção por clientes, projectistas e gestores ou planeadores de projectos que contribuem para os acidentes. Apesar dos relatórios consistentes sobre a influência causal de factores como o tipo de projeto, o método de construção, a duração do projeto e a extensão das obras de construção, o envolvimento de subcontratantes, a complexidade do projeto, as limitações do local e o sistema de aquisições nos acidentes, não há muitos estudos empíricos pormenorizados que se tenham centrado na compreensão da extensão da sua influência causal. Tendo em conta os impactos dos fenómenos meteorológicos extremos na saúde, é amplamente reconhecida a necessidade de compreender melhor a forma de proteger os sistemas de saúde contra esses fenómenos e de aumentar a sua resiliência.

3 Diagrama do sistema de alerta precoce (EWS)

O diagrama do sistema de alerta precoce é uma representação gráfica do período entre a receção das informações de produção pelos construtores e a data de início dos trabalhos no estaleiro, tal como consta do programa de construção". O calendário é o método técnico utilizado pelos donos da obra para controlar e coordenar todas as "actividades-chave fora do estaleiro". O calendário é derivado do programa de construção.

4 Quadro dos requisitos de informação (IRS)

O Plano de Necessidades de Informação é um pedido de calendário utilizado pelos projectistas para informar a equipa de projeto sobre as necessidades de informação necessárias e as próximas necessidades de informação e as respectivas datas de lançamento". O IRS é emitido para o coordenador ou gestor do projeto e para os consultores de projeto, de modo a que estes possam planear antecipadamente a produção de informações de produção (ou seja, desenhos da loja, especificações e calendários).

Controlo linear de projectos - melhorar os procedimentos de gestão da construção

A gestão da construção sofre de muitos problemas práticos. Estudos recentes mostram que um dos problemas mais comuns na construção são os atrasos. A maioria dos estudos sobre atrasos aponta para uma má gestão do projeto, embora a sua importância varie de um estudo para outro. Também se verificou que as causas dos atrasos se agrupam em torno de dois temas: Gestão e ambiente do projeto. Os factores relacionados com a gestão incluem planeamento e controlo ineficientes, má gestão do local, má organização do projeto e má gestão do projeto.

a comunicação entre as partes envolvidas e a disponibilidade pouco fiável de materiais.

Os factores acima referidos são controláveis e devem ser envidados esforços para minimizar o seu impacto. Em contrapartida, os factores ambientais externos do projeto (escassez de mão de obra, problemas de fornecimento de materiais e restrições financeiras) estão relacionados com a imaturidade da economia, das instituições financeiras e do mercado de trabalho num país em desenvolvimento. Todos estes são factores externos que devem ser aceites como um dado adquirido em qualquer projeto.

A aplicação de técnicas de construção racionalizada pode ajudar a reduzir os problemas associados à gestão e às condições do projeto na indústria da construção. Para resolver plenamente estas questões, é necessário garantir o apoio, a cooperação e o empenhamento totais da gestão de topo e reduzir a dependência excessiva dos subcontratantes. Além disso, o estilo de gestão burocrático deve ser reconsiderado e devem ser introduzidas tecnologias de informação e comunicação para acelerar a comunicação e torná-la mais eficaz.

Sistema de elevação automática (ACS)

Para construir edifícios altos de forma eficiente, os gestores de projectos são forçados a utilizar um "Sistema de Trepagem Automática" (ACS), um tipo de cofragem em salto que resolve estes problemas ao permitir que a cofragem suba em diferentes condições climatéricas e de altura.

Estes sistemas de trepagem automática podem ser divididos em duas categorias principais: sistemas dependentes de gruas e sistemas independentes de gruas. A cofragem transportada e a cofragem de salto pertencem aos sistemas dependentes de grua. A cofragem deslizante e a cofragem trepante automática são sistemas independentes de grua, em que os elementos de cofragem são deslocados verticalmente por cilindros de elevação de comando hidráulico, elétrico ou pneumático. A cofragem de molas é uma cofragem vertical utilizada para a construção de paredes exteriores de edifícios, colunas, barragens, torres de refrigeração, pilares de pontes e poços de elevador.

São levantadas de um piso para outro com a ajuda de uma grua. A cofragem suspensa tem muitas vantagens, tais como uma redução considerável do tempo de utilização da grua e um aumento da produtividade. Com eles, as empresas de construção podem erguer um andar em cada dois a quatro dias, dependendo do tamanho do andar e da altura da parede. Por outro lado, existem algumas limitações: as velocidades elevadas do vento, especialmente em altitudes elevadas e em zonas costeiras, interferem com a operação da grua enquanto a cofragem está a ser elevada ao nível superior e é necessária uma distância mínima entre a cofragem e os edifícios vizinhos durante a operação.

No entanto, estes dispositivos podem ser utilizados pelas universidades nigerianas na implementação de projectos de manutenção para melhorar a eficiência e a relação custo-eficácia.

Capítulo 11: Práticas de gestão de instalações (FM)

A gestão de activos inclui a gestão do ambiente, das pessoas, da tecnologia e muito mais. A ISO 55-2 (2004) afirma que uma gestão de activos bem sucedida está associada às seguintes ferramentas: engenharia de valor, cálculo dos custos do ciclo de vida, manutenção centrada na fiabilidade e inspeção baseada no risco. Nestas recomendações, a gestão de activos é categorizada em cinco tipos, tal como explicado na primeira página acima. Além disso, estas recomendações são abrangentes e universalmente aplicáveis a todas as organizações e permitem que qualquer organização adopte e aplique qualquer estratégia de aquisição e método de manutenção que seja compatível com as suas políticas e objectivos. Contudo, as recomendações não especificam a técnica adequada de recolha de dados para a elaboração do orçamento de manutenção. Além disso, os dados para a elaboração do orçamento de manutenção podem ser obtidos através de um inventário de activos.

A gestão da manutenção tem por objetivo gerir o ciclo de vida dos activos fixos de uma organização, a fim de fabricar produtos ou prestar serviços que satisfaçam as diferentes exigências de desempenho da empresa.

A gestão de activos físicos é a gestão de activos fixos, como equipamentos e instalações, que constitui uma abordagem sistemática da gestão desses activos desde a sua conceção até à sua eliminação.

A simulação de Monte Carlo também tem sido utilizada para modelar a incerteza no desempenho e nos custos das instalações. As distribuições estatísticas utilizadas como entrada para a modelação são questionáveis devido à falta de dados de desempenho fiáveis para apoiar tais análises.

Síndrome do edifício doente (SBS)

As plantas de interior, os locais de trabalho compartimentados, as janelas abertas e as caraterísticas do ambiente interior (conforto térmico, qualidade do ar, ruído e iluminação) são factores que contribuem para os sintomas da EBE.

A EBE é causada por "um grupo de sintomas de etiologia pouco clara". O grupo de trabalho da Organização Mundial de Saúde (OMS, 1983) afirma que os sintomas da EBE podem ser divididos em sintomas relacionados com as membranas mucosas (ou seja, olhos, nariz e garganta), pele seca, dor de cabeça e letargia. Os sintomas da EBE ocorrem temporariamente quando se trabalha ou se permanece num edifício normal. Além disso, os sintomas acima referidos desaparecem algumas horas depois de a pessoa afetada ter deixado o edifício. A má qualidade do ambiente interior (QAI) pode levar à EBE, mas não há uma causa única que possa ser associada a um sintoma típico de EBE. Está relacionada com várias caraterísticas individuais, factores profissionais e processos psicológicos.

Elementos de conceção do local de trabalho e perceção da qualidade do ambiente interior

Os elementos do local de trabalho, como plantas de interior, divisórias nos postos de trabalho e janelas que podem ser abertas, têm um impacto no stress mental no local de trabalho. A EBE pode reduzir a produtividade do trabalho e levar a perdas económicas.

Os sintomas desta doença são muito comuns nos ocupantes de edifícios com ventilação mecânica, em comparação com os ocupantes de edifícios com ventilação natural. Os sintomas podem ser piores em pessoas que trabalharam em edifícios com sistemas de ar condicionado centralizado do que em pessoas que trabalham frequentemente com fotocopiadoras e em pessoas que são infelizes no trabalho. Nos Estados Unidos, foi relatada a ocorrência de mais sintomas de EBE em edifícios com ar condicionado do que em edifícios sem ar condicionado. Na África do Sul, os sintomas psicológicos e o género são considerados preditores independentes significativos dos sintomas de EBE. Os relatos de odores e de humidade e temperatura desconfortáveis também foram associados de forma independente aos sintomas.

O gradiente térmico teve um efeito negligenciável na qualidade do ar e no SBS. A fadiga e as dores de cabeça ocorrem tanto em edifícios de escritórios estanques como com fugas, mas são mais acentuadas nos edifícios estanques. A humidade relativa, as concentrações totais de partículas no interior e os níveis totais de compostos orgânicos voláteis são paradoxalmente mais elevados nos edifícios com fugas.

No entanto, nem a ventilação da sala nem a qualidade do ar são indicadores fiáveis dos sintomas. Não existe uma correlação significativa entre a maioria dos aspectos físicos do ambiente de trabalho e a ocorrência de sintomas. O ambiente físico dos edifícios de escritórios parece ser menos importante do que as caraterísticas do ambiente de trabalho psicológico. A estimulação, a coerência, a acessibilidade, o controlo e o relaxamento são alguns dos parâmetros ambientais associados ao stress. Os factores de conceção, como as plantas de interior, as divisórias no local de trabalho e as janelas que podem ser abertas, podem ter uma influência particularmente forte nos níveis de stress dos trabalhadores, uma vez que são restauradores, estimulantes e controladores. A relação entre os elementos de conceção e os sintomas da EBE sugere que os sintomas da EBE podem ser influenciados pela conceção arquitetónica.

Nos escritórios com plantas de interior, divisórias nos postos de trabalho ou janelas que podem ser abertas (ambiente de trabalho saudável), os sintomas de EBE ocorrem com menos frequência. O indicador mais importante para medir a qualidade do ambiente físico é a conceção de um ambiente de trabalho saudável.

Efeitos da qualidade do clima interior dos edifícios nos utilizadores

O ambiente físico de uma instalação (o ambiente construído) pode ter um impacto na saúde dos utilizadores. A existência de luz natural, ventilação, limpeza e saneamento básico contribui significativamente para uma recuperação mais rápida das pessoas doentes. Além disso, existem provas científicas convincentes de que os seguintes factores ambientais interiores têm um impacto positivo em todos os grupos de utilizadores, quando concebidos e devidamente aplicados de acordo com as normas exigidas. Estes factores incluem: ambiente acústico, sistemas de ventilação e ar condicionado, ambiente térmico, ambiente visual (por exemplo, iluminação e vistas da natureza), condições ergonómicas e mobiliário. Por outro lado, os seguintes factores podem ser favoráveis aos utilizadores, por exemplo, uma determinada disposição e tipo de sala e o revestimento do chão. Alguns dos factores físicos acima enumerados podem ter um impacto positivo ou negativo no bem-estar e no comportamento das pessoas que utilizam o ambiente construído.

A investigação demonstrou que o ambiente físico pode ter um impacto positivo ou negativo na saúde e no bem-estar dos utilizadores. Atualmente, todos os envolvidos no processo de construção do ambiente tentam especificamente criar um ambiente psicologicamente favorável que apoie a saúde e o bem-estar dos utilizadores e torne a utilização do ambiente livre de stress.

Áreas de pessoal

Vários estudos recomendam a criação de espaços tranquilos, de cuidados e sociais para facilitar a comunicação, a troca de informações e o trabalho de equipa entre o pessoal.

Revestimentos para pavimentos

A escolha do pavimento tem um impacto no bem-estar e no conforto das pessoas nos espaços habitacionais. A limpeza frequente dos pavimentos pode ajudar a minimizar as infecções nosocomiais, uma vez que se acumula mais pó em materiais porosos, como as alcatifas, do que em pavimentos lisos. Alguns estudos demonstram que as alcatifas são mais difíceis de limpar do que os pavimentos duros, uma vez que a contagem de bactérias aumenta novamente com relativa rapidez antes da limpeza. Outros resultados mostram que as alcatifas são fáceis de limpar, que alguns agentes patogénicos graves sobrevivem menos tempo nas alcatifas do que noutros revestimentos para pavimentos (como linóleo, ladrilhos de borracha, ladrilhos de vinil e placas de vinil) e que as alcatifas transmitem menos agentes patogénicos para as mãos através do contacto com os pavimentos de vinil ou de borracha. A utilização de alcatifa pode ajudar a reduzir os níveis de ruído.
A utilização de alcatifas facilita a marcha, reduz a probabilidade de quedas e lesões e cria uma sensação de segurança. A utilização de tapetes proporciona conforto psicológico e térmico. Aumentam o apoio social da família e dos amigos. No entanto, as desvantagens da utilização de alcatifas incluem o facto de serem mais difíceis de limpar do que algumas superfícies duras e de criarem um ambiente favorável ao crescimento de fungos e bactérias. A utilização de alcatifas dificulta a deslocação de carrinhos, macas e cadeiras de rodas, o que está associado a um maior risco de dores no pescoço, ombros e costas. Em suma, a utilização de alcatifas deve ser evitada em áreas onde haja a possibilidade de derrames ou onde exista um risco elevado de infecções transmitidas pelo ar.

Ambiente acústico (redução do ruído)

Existem muitas fontes de ruído. A redução do ruído pode ser conseguida através da utilização de superfícies que absorvem o som, tais como placas de teto de alto desempenho que absorvem o som, ou através de caraterísticas arquitectónicas, tais como corredores curtos. A redução dos níveis de ruído pode levar a: melhor sono, menos irritabilidade, maior satisfação, menos dor, menos stress psicológico e fisiológico, menos dores de cabeça, menos exaustão emocional, mais segurança, frequências cardíaca e respiratória mais baixas, pressão arterial mais baixa, maior saturação de oxigénio, menos confusão e desorientação.
As ondas sonoras são pequenas e rápidas flutuações de pressão que se propagam no ar, bem como em sólidos e líquidos. Nos edifícios, as ondas sonoras podem ter origem no ar, percorrer uma certa distância como som que se propaga através de um

edifício e ser novamente emitidas noutro local como som aéreo. A frequência de uma onda sonora é o número de repetições da sua forma básica por segundo. A frequência de uma nota musical, por exemplo, que se caracteriza por uma mudança de pressão e se repete 1200 vezes por segundo, é de 1200 Hertz (HZ).

Som, ventilação e som térmico - propriedades físicas do som

A escala de decibéis (dB) é utilizada para reduzir a gama de pressões sonoras que ocorrem na prática a números manejáveis. Uma variação de nível de 10 dB corresponde a uma duplicação da intensidade sonora percepcionada, que pode ser medida com sonómetros ou com uma grelha de classificação. O nível de pressão sonora pode ser medido com um sonómetro, cuja unidade de medida é o dB (A). Na escala de decibéis, um sussurro tranquilo a uma distância de dois metros tem um nível sonoro de cerca de 35 dB (A), enquanto o nível médio de ruído de fundo num escritório é de cerca de 40 dB (A). Quanto maior for a diferença de nível de ruído entre as duas fontes, menor será o efeito no nível global. Se a diferença entre as duas fontes for superior a 6 dB, o nível global é inferior a 1 dB superior ao da fonte mais ruidosa.

Perceção do som

A gama de frequências audíveis pelo ouvido humano estende-se de 20 Hz a 18.000 Hz. O ouvido é menos sensível às baixas frequências, por exemplo, um tom de 3 kHz com um nível de 54 dB soa quase tão alto como um tom de 50 kHz com um nível de 79 dB. No entanto, as medições em acústica de edifícios não estão na mesma gama que as do ouvido humano. A frequência mais baixa medida é normalmente 100 Hz e 63 Hz quando se mede o ruído dos sistemas de aquecimento, ventilação e ar condicionado (HVAC). Além disso, pode ser utilizado um medidor de nível sonoro ponderado para quantificar as fontes de ruído e podem ser utilizados critérios de ruído (NC) para determinar os níveis máximos de ruído dos sistemas AVAC. Em escritórios de plano aberto, podem ser utilizados sons de mascaramento gerados eletronicamente com menor energia de baixa e alta frequência para melhorar a privacidade.

Nível de ruído nos edifícios

O ruído de fundo num edifício pode ser reduzido a um nível que proporcione um ambiente de vida ou de trabalho confortável para os ocupantes. A fonte de ruído pode ser uma das seguintes: ruído de fala excessivo, ruído intrusivo, fala audível através das paredes, torneiras a pingar, luzes a zumbir ou bombas a girar. O nível máximo admissível de ruído de fundo em salas de concerto, auditórios, salas de música, teatros, igrejas e mesquitas não deve exceder 30 dB (A) e em salas de aula, hospitais, cinemas, salas de conferência, pequenos escritórios, tribunais e bibliotecas 45 dB (A).

Proteção contra o ruído em edifícios

Os materiais de absorção de som isolam o som nas divisões, permitindo que o som passe facilmente. Os materiais são porosos e podem absorver o som através de muitas interações. Por outro lado, se o material não for poroso, transmite bem o som e é um bom refletor para os materiais de absorção de som para reduzir a reflexão do som dentro da divisória. Quando as ondas sonoras atingem o deflector, a alteração da pressão faz com que o deflector vibre - alguma da energia vibratória do lado da fonte sonora é transmitida através do deflector, onde é irradiada novamente do outro lado como som aéreo. A transmissão do som entre divisões inclui um percurso direto através do conjunto de divisórias e percursos laterais à volta do conjunto - buracos, fendas e outros defeitos semelhantes que podem proporcionar um percurso para o som e aumentar a transmissão do som entre divisões. Além disso, existem três métodos principais de controlo do ruído nos edifícios: suportes ou ligações resistentes dentro de um recinto com elevadas perdas de transmissão sonora, revestimento com material de absorção sonora e barreiras acústicas com fugas, como paredes sólidas pesadas.

Sistemas de ventilação e de ar condicionado

A existência de sistemas de ventilação adequados e a funcionar corretamente é fundamental para garantir uma boa qualidade do ar interior. Promovem o bom funcionamento do sistema respiratório, reduzem os efeitos dos sintomas de alergia e asma, a transmissão de doenças infecciosas, as sensibilidades químicas e aumentam a produtividade dos trabalhadores. Em alguns edifícios comerciais - privados ou públicos - a presença de um sistema AVAC é essencial para evitar pressões negativas em espaços isolados e para proteger os utilizadores do ambiente construído do risco de doenças transmitidas pelo ar. No entanto, não existem provas científicas suficientes para recomendar um nível mínimo de ventilação exterior para o controlo de infecções.

Ambiente térmico

De acordo com a norma ASHRAE 55-2010, o conforto térmico é uma condição que expressa a satisfação com o ambiente térmico. A temperatura nocturna num quarto não deve exceder 26*C se não houver ventoinhas de teto. O conforto térmico para os utilizadores do ambiente de vida está associado à estabilização do humor, à melhoria da qualidade e da quantidade de sono e à redução do tempo de internamento. Foi referido que uma temperatura demasiado quente durante a noite encurta a duração do sono devido ao aumento do estado de alerta.

Quando o ar condicionado é utilizado para arrefecer o ar, as correntes de ar frio podem tornar o ambiente desconfortável. Nos escritórios, o conforto térmico está associado a uma maior eficiência e produtividade, bem como a níveis mais baixos de stress e ansiedade. Diferentes utilizadores do ambiente habitacional requerem temperaturas diferentes para o conforto, dependendo da sua atividade, acuidade visual, idade, vestuário e duração do tempo passado dentro de casa. As pessoas que efectuam trabalhos físicos pesados necessitam de uma melhor gestão térmica do que as pessoas que efectuam tarefas que não exigem muito esforço físico.

Monitorização térmica de edifícios

As propriedades climáticas de um edifício são apenas uma parte do seu sistema funcional global. O clima no interior de um edifício é certamente diferente do clima no exterior. Ao construir um novo edifício, três requisitos básicos são muito importantes: aparência, funcionalidade, posicionamento das paredes interiores, que afecta a atividade solar e a sua distribuição, padrões de ventilação e cargas. A

conceção da regulação térmica consiste em três etapas: a conceção global da estrutura, a seleção dos meios de correção controlada através do ar condicionado e a seleção dos meios de desencadear esta correção controlada.
O calor é uma forma de energia que se encontra armazenada nos movimentos internos das moléculas e dos átomos dos materiais. Desloca-se entre corpos em função da diferença de temperatura entre eles. Pode mover-se por convenção, condução e troca radiativa, de modo que o fluxo de calor=q entre dois corpos com temperaturas Q1 e Q2 respetivamente é o seguinte: q=K (Q2-Q1), onde K é uma constante chamada transmitância entre os dois corpos. A sua recíproca é a resistência. As substâncias têm temperaturas, não as divisões. A temperatura ambiente não existe. O ar na sala tem certamente uma temperatura, mas cada superfície das paredes da sala pode ter uma temperatura diferente. A temperatura a que o sensor do termómetro atinge o equilíbrio depende da conceção do sensor e dos factores de ponderação da sua resistência térmica às diferentes temperaturas da sala, que corresponde à temperatura percebida pelo ocupante.

O processo de controlo do ar condicionado ambiente

Os controlos de climatização dos quartos são medidas de conforto térmico para os residentes. Os residentes podem operar os seus próprios circuitos de controlo de acordo com as suas necessidades.

Perda de calor da divisão

A perda de calor numa divisão pode ser causada pela entrada de ar mais frio, pela ventilação ou penetração de calor e pelo condicionamento através do tecido do edifício. A perda de calor através de um determinado elemento externo pode estar diretamente relacionada com a temperatura da sua superfície. Esta depende da troca de calor do elemento externo com o ar e da temperatura das outras superfícies da divisão.

Ambiente visual (luz natural e iluminação artificial)

Uma iluminação suficiente e controlada é benéfica para os utilizadores dos edifícios. A luz natural através das janelas é geralmente preferível à iluminação artificial, mas a iluminação artificial continua a ser necessária nos edifícios. A luz do dia melhora o ritmo circadiano, influenciando a produção de melatonina, e tem um efeito positivo no metabolismo da vitamina D. A luz melhora o sono e reduz o stress. A luz melhora o sono e reduz o stress. A luz melhora o humor e reduz a ocorrência de depressão.

Cor

A cor é descrita como uma sensação visual subjectiva causada pela luz, e a perceção da cor depende da composição cromática da luz, do material da superfície, da idade e da saúde ocular do observador. As cores estão associadas a reacções humanas fisiológicas, psicológicas e sociais. As cores quentes tendem a ter um efeito ativador, estimulante e energizante, enquanto as cores frias tendem a ter um efeito calmante e relaxante. A forma como uma pessoa reage às cores depende da idade, do género, da cultura e das preferências pessoais. **Condições ergonómicas e mobiliário**

A ergonomia é uma ciência aplicada que visa otimizar o desempenho e a produtividade e reduzir os riscos de lesões, desconforto e doença. A ergonomia apoia as pessoas no seu trabalho, para que possam trabalhar de forma segura, confortável e produtiva. A ergonomia centra-se nas pessoas, nas ferramentas e na tecnologia que utilizam. Uma boa ergonomia melhora a capacidade das pessoas para utilizar a informação e realizar tarefas. A utilização de mobiliário de design adequado tem sido associada a uma redução das infecções nosocomiais.

Local de trabalho, conforto e produtividade individual

O efeito prejudicial do ruído de escritório pode ser compreendido considerando as caraterísticas da tarefa e os requisitos de processamento de informação associados como variáveis moderadoras. Além disso, o efeito da qualidade do ar na produtividade pode ser explicado se a satisfação do utilizador com a qualidade do ar for incluída como variável mediadora.

A influência da conceção dos escritórios na produtividade

O ambiente físico de trabalho é uma componente essencial do comportamento humano. O objetivo da gestão de instalações é conseguir um equilíbrio ótimo entre os utilizadores dos edifícios, as suas tarefas e as instalações. Os serviços prestados pela gestão de instalações são cruciais para a satisfação e o desempenho dos utilizadores dos edifícios.

Os parâmetros ambientais físicos relacionados com os parâmetros fisiológicos são o calor e a iluminação (que têm um impacto direto no desempenho do trabalho). Nos escritórios, os efeitos do calor e da iluminação são mínimos ou insignificantes, uma vez que podem ser facilmente alterados mudando a iluminação ou ajustando as fontes de luz. Os efeitos da iluminação ou da temperatura têm um certo impacto negativo no desempenho individual. O ruído no escritório também pode afetar o desempenho profissional se interferir com o processamento da informação necessária para completar uma tarefa. O ruído no escritório reduz a satisfação e afecta a saúde dos utilizadores do escritório. A maior parte dos efeitos do ambiente físico de trabalho dependem de variáveis mediadoras (que incluem a satisfação e o conforto) que são utilizadas indistintamente e dependem das necessidades e requisitos individuais para as caraterísticas do ambiente físico de trabalho efetivo.

Capítulo 12: O edifício inteligente

Um edifício inteligente é definido como um edifício que integra tecnologias e processos para criar uma instalação mais segura, mais confortável e produtiva para os ocupantes e mais eficiente para os proprietários. O edifício está equipado com tecnologias avançadas em combinação com processos melhorados de conceção, construção e funcionamento que criam um ambiente interior melhorado que aumenta o conforto e a produtividade dos ocupantes, reduzindo simultaneamente o consumo de energia e os custos de mão de obra.

Um edifício inteligente é um edifício produtivo e rentável através da otimização dos quatro elementos principais, como a estrutura, os sistemas, os serviços e a gestão e as interações entre eles. Do exposto, é evidente que um edifício inteligente deve estar centrado no utilizador, ou seja, a segurança e o conforto dos utilizadores devem estar no centro da conceção desde o início. Além disso, o edifício deve satisfazer as necessidades dos utilizadores em termos de custos, gestão da energia, conforto, comodidade, segurança, flexibilidade a longo prazo e atratividade do mercado. Além disso, o autor considera que um edifício inteligente deve ser sustentável, saudável, tecnologicamente avançado, satisfazer as necessidades dos ocupantes e das empresas e ser flexível e adaptável à mudança.

Na construção de edifícios inteligentes, a tónica deve ser colocada na satisfação das necessidades dos ocupantes. Há três elementos principais dos edifícios inteligentes: conceção arquitetónica e fachada do edifício, computação de alta velocidade e sensores. A arquitetura inteligente pode ser associada às seguintes três áreas diferentes: conceção inteligente, utilização adequada da tecnologia inteligente e utilização e manutenção inteligentes dos edifícios.

Num escritório de um edifício inteligente, os estímulos importantes para os trabalhadores do conhecimento são: comunicação através de redes de informação, soluções espaciais relaxantes, cores, vista da janela do escritório, iluminação, ambiente sonoro (silêncio e música de fundo), dimensão da sala, número e dimensão das janelas, conceção sonora da massa do edifício.

Re: Engenharia e modelação de processos de edifícios inteligentes

A reengenharia pode ser definida como a prática de gestão que consiste em repensar fundamentalmente e redesenhar radicalmente os processos empresariais para obter melhorias significativas nos indicadores críticos de desempenho, como o custo, a qualidade, o serviço e a rapidez. A reengenharia é a reformulação rápida e radical de processos empresariais estratégicos e de valor acrescentado, bem como dos sistemas, políticas e estruturas organizacionais que os suportam, a fim de otimizar os fluxos de trabalho e melhorar a produtividade de uma empresa.

Ciclo de vida de um edifício

Uma abordagem de manutenção baseada nas condições pode ser utilizada para repor um edifício no seu estado original, de modo a que possa funcionar em pleno. O método de manutenção baseado nas condições é uma combinação de trabalhos de reparação e substituição preventivos e corretivos que mantêm um atraso na manutenção, o que resulta em mais custos a longo prazo. Recomenda-se a realização de manutenção preventiva planeada, apoiada por um orçamento de manutenção para os departamentos de construção e de serviços. Além disso, pode ser utilizado um conjunto de ferramentas de monitorização da manutenção para melhorar a eficiência. Os requisitos de desempenho do edifício devem ser associados aos requisitos funcionais dos utilizadores. Isto cria um conjunto de critérios (normas) como indicadores-chave de desempenho para comparação com os quais as medidas de manutenção podem ser consideradas.

É necessário aplicar a análise económica aos projectos de construção, a fim de avaliar os custos reais da utilização dos recursos ao estabelecer prioridades entre propostas concorrentes. O termo "custo real" inclui o custo de aquisição inicial, os custos de manutenção corrente, os custos de funcionamento do edifício ao longo da sua vida útil, incluindo a renovação, e os benefícios relativos para os proprietários ou inquilinos de concepções alternativas e de uma eventual demolição ou eliminação futura no final da vida do edifício. Além disso, o ciclo de vida de um ativo é o custo total do ativo durante a sua vida útil. O ciclo de vida de um ativo é o valor atual do custo total de um ativo durante a sua vida útil, que inclui os custos de capital inicial, os custos de operação (utilização), os custos de operação (manutenção) e os custos ou benefícios de uma possível alienação do ativo no final da sua vida útil.

No relatório RICS (1994), os custos do ciclo de vida são definidos de forma mais alargada e incluem Terreno, levantamento topográfico, extração, extensão, conceção, financiamento, construção, aquisição, gestão, investimento, renovação e remodelação. O relatório explica ainda que se trata de uma ferramenta de planeamento que pode ser utilizada para comparar os custos de diferentes concepções, materiais, componentes e métodos de construção. Os projectistas utilizam-na para obter uma boa relação qualidade/preço para o cliente e os gestores ou promotores imobiliários utilizam-na para comparar os custos com os valores de aluguer futuros.

O principal objetivo da realização de um estudo do custo do ciclo de vida (CCV) é criar um plano de fluxo de caixa para os edifícios. A análise do custo do ciclo de vida é a recolha e análise de dados históricos sobre os custos reais de funcionamento de edifícios comparáveis, tendo em conta os custos actuais e as caraterísticas de desempenho. A gestão dos custos do ciclo de vida (GCCV) pode ser derivada da análise dos custos do ciclo de vida, identificando as áreas em que os custos de ocupação do edifício, discriminados pela análise dos custos do ciclo de vida, podem ser minimizados. A gestão dos custos do ciclo de vida pode ser utilizada para ajudar os clientes a comparar os custos dos edifícios e a estimar e controlar os custos de funcionamento ao longo da vida do edifício, a fim de maximizar os benefícios para o cliente. O planeamento dos custos do ciclo de vida (LCCP) pode fazer parte da gestão dos custos de vida e pode ser utilizado para prever o custo total de um edifício, de uma parte de um edifício ou de um elemento individual do edifício. Inclui também os custos de capital inicial, os custos operacionais subsequentes, o valor residual, o planeamento e tem em conta factores como o impacto do desempenho e da qualidade.

Capítulo 13 Terotecnologia e relação preço-desempenho

Estes podem ser requisitos do ciclo de vida dos activos fixos tangíveis. Inclui uma combinação de planeamento de gestão financeira e outras técnicas aplicadas aos activos fixos tangíveis para assegurar o valor económico do ciclo de vida. Inclui especificações e conceção para garantir a fiabilidade e a capacidade de manutenção dos activos.

- Relação custo-benefício para a execução do projeto

A relação qualidade/preço (VFM) pode ser definida como uma medida eficaz do desempenho dos projectos de parceria público-privada (PPP). Defendem ainda que se trata de uma parceria entre o sector público (SP) e o sector privado (SP) na prestação de obras e serviços públicos através de PPP contratuais. Uma das caraterísticas da melhor relação qualidade/preço é o facto de o projeto fornecer melhores obras e serviços gastando menos dinheiro público. A ideia da melhor relação qualidade/preço (VFM), abreviada como BVFM, inclui questões fundamentais como: o momento da avaliação da VFM, os requisitos para a avaliação da VFM, os métodos para determinar os custos razoáveis, a afetação e gestão dos riscos e a divulgação dos resultados da avaliação.

Os autores apresentam o seguinte: VFM= LCCpsc- LCCppp

VFM= LCCpsc- LCCppp /LCCpsc X100%

Onde VFM = value for money

PPP=Parceria Público-Privada VAL=Valor Atual Líquido

LCC = Custos do ciclo de vida

LCCpsc = valor atual líquido (NPV) do LCC do projeto adquirido através do método tradicional. LCCppp = valor atual líquido (VAL) do CCL do mesmo projeto adquirido através do método PPP.

Manutenção despretensiosa

Foi demonstrado que a manutenção evitável pode ser o resultado de uma má conceção ou de um mau acabamento. No entanto, as discussões sobre manutenção acima referidas podem ser reduzidas tomando as seguintes precauções: facilidade de reparação, facilidade de acesso, durabilidade e facilidade de substituição. Além disso, podem surgir as seguintes dificuldades na avaliação dos custos do ciclo de vida dos activos: a dificuldade de estimar com precisão os custos de manutenção e de funcionamento de diferentes materiais, processos e sistemas; a forma de relacionar os tipos de pagamentos iniciais, anuais e recorrentes com uma base comum para efeitos de comparação; a consideração das taxas de imposto e sobretaxas ao longo da vida do edifício; a dificuldade de escolher taxas de juro adequadas para um cálculo que abranja um período até sessenta anos; e as tendências inflacionistas.

Na prática, os seguintes factores podem afetar o cálculo dos custos do ciclo de vida: alterações no preço dos materiais, componentes, energia, mão de obra e capital, que são difíceis de prever com exatidão e afectam os custos de todos os utilizadores; alterações na política governamental; reparações e manutenção de emergência devido a falhas de conceção ou mau acabamento; trabalhos de manutenção, tais como limpeza e renovação. **O CCV** de um ativo é o custo total do ativo durante a sua vida útil, incluindo a aquisição do terreno e os custos operacionais subsequentes.

Custos iniciais

Este é o capital ou custo inicial do ativo quando este é reconhecido pela primeira vez.

Taxas de utilização

São semelhantes às despesas futuras e incluem tanto as despesas correntes como os custos de mão de obra.

Gestão eficiente da manutenção de equipamento especializado (tecnologia de automatização) em instituições de ensino superior na Nigéria

As instituições terciárias encontram-se numa fase em que as tecnologias da informação e da comunicação (TIC) desempenham um papel importante em quase todas as fases do processo educativo. Na Nigéria, muitas destas instituições terciárias têm políticas institucionais de TI e outras não. Quando essas políticas existem, são desenvolvidas de forma inconsistente ou aplicadas de forma inconsistente, acrescenta o autor. Em algumas universidades, a direção da universidade apoia as faculdades no desenvolvimento de programas de ensino e investigação. No entanto, as universidades ou as faculdades não foram capazes de incorporar as TIC nas suas actividades de ensino ou investigação ou na análise e avaliação dos currículos das faculdades. No entanto, espera-se que as TIC forneçam os seguintes serviços em cada instituição de ensino superior: Gestão de recursos financeiros, experimentação ao longo da vida dos estudantes, desenvolvimento do pessoal académico, ambiente e outros activos físicos e sua utilização, gestão institucional e estrutura organizacional, prestação de colaboração, política de investimento, política de direitos de propriedade intelectual, processos organizacionais, investigação, prestação de serviços e infra-estruturas, e imagem corporativa

Manutenção BS 3811 (1984)

Por manutenção entende-se o conjunto de todas as medidas técnicas e administrativas associadas destinadas a manter o sistema num estado que lhe permita cumprir as funções exigidas ou a restaurá-lo. Serviços operacionais, tais como: Limpeza, manutenção, operação de instalações e equipamentos e outras actividades conexas.

Gestão do desempenho das instalações (FPM)

O desempenho das instalações é a avaliação e medição sistemáticas do desempenho das instalações utilizadas para determinar em que medida as metas de planeamento, os objectivos e as expectativas dos utilizadores são alcançados, tendo em conta o seu impacto no desempenho da organização. As FPM estão intimamente relacionadas com os níveis de serviço, que, por sua vez, são utilizados para definir os objectivos de medição do desempenho. Ao definir os níveis de serviço, é importante identificar de que forma os níveis de serviço apoiam as actividades principais da organização e qual a sua importância. Isto ajuda a moldar os comportamentos, práticas e processos dos prestadores de serviços para atingir os objectivos comerciais estabelecidos na definição do nível de serviço. As medidas de desempenho estão sempre ligadas a sanções, enquanto os objectivos são concebidos para garantir que os resultados desejados são alcançados. Deve ser criado um processo para gerir o desempenho e ajudar o prestador a atingir os objectivos. Além disso, deve ser utilizada uma combinação de incentivos e sanções. Existem várias ferramentas disponíveis para medir o desempenho das instalações, tais como sistemas baseados no tempo que medem métricas baseadas no tempo, como o tempo de resposta, a entrega atempada e o tempo de inatividade. No entanto, o sistema mais popular utilizado pela maioria das instituições terciárias na Nigéria é o sistema integrado de medição do desempenho, que é uma combinação de métricas financeiras, qualitativas e baseadas no tempo. Na Nigéria, o desempenho normal da tecnologia de automatização não pode ser alcançado devido à inadequação do equipamento TIC, ao fornecimento irregular de energia eléctrica (o custo da utilização de centrais eléctricas é mais elevado), à má manutenção do equipamento existente, etc.

Níveis de serviço

O serviço de apoio ao cliente interno deve gerir os serviços, controlar os custos e equilibrar e ajustar os níveis de serviço em conformidade. Além disso, a implementação de um contrato de externalização sem definir níveis de serviço é arriscada, argumenta o autor. Os gestores das instalações podem receber menos do que o esperado ou mais do que o necessário, mas a um custo elevado. É difícil determinar se a organização está a receber aquilo por que pagou ou se os prestadores de serviços têm objectivos claros. É necessário reconhecer a relação entre os serviços e o preço.

Os custos e o âmbito dos serviços devem ser especificados no acordo de externalização. Além disso, uma alteração do nível de serviço terá frequentemente impacto nos custos se o âmbito não mudar. Sem definir o nível de serviço, o prestador de serviços fica na incerteza e a direção pode não saber qual o nível de serviço de que a organização necessita para funcionar com êxito. O objetivo deve ser objetivo, com níveis de serviço mensuráveis. Alguns serviços são específicos ou prescritivos, mas a maioria deve ser orientada para o desempenho, de modo a que os prestadores de serviços possam aplicar os seus conhecimentos e recursos para cumprir os requisitos de desempenho.

serviços

Ao definir os serviços a prestar, utilize informações de contratos de serviços existentes, avalie o nível atual de serviço ou utilize as normas do sector. Torná-los legíveis, coerentes e concisos,

e descritivos. Combine-os com objectivos e medidas comerciais para se concentrar no desempenho.

Nível de produção

A produtividade é a relação entre o output e o input, ou seja, entre a quantidade produzida e a quantidade de recursos utilizados no processo de produção. Para atingir um nível elevado de produtividade, podem ser utilizadas muitas técnicas de gestão, como o estudo do trabalho, que envolve o estudo dos métodos e a medição do trabalho. Na Nigéria, os seguintes factores impedem uma produtividade elevada do trabalho: fornecimento irregular de energia, sistemas informáticos inadequados e manutenção deficiente dos sistemas existentes.

Ambiente favorável

Na Nigéria, os centros TIC na maioria das instituições terciárias não cumprem as normas exigidas, ou seja, estão rodeados de arbustos, as paredes e os telhados estão rachados, o que provoca a entrada de água.

Interrupção

A produtividade efectiva e eficiente pode ser baixa ou alta, dependendo do número de obstáculos ou interrupções nas operações. Essas interrupções podem assumir a forma de cortes de energia, conflitos laborais e condições climatéricas adversas.

Relação custo-eficácia

Na maioria das instituições terciárias da Nigéria, devido às deficiências acima descritas, presta-se especial atenção à questão de saber se as despesas com a aquisição e a criação de centros de TIC valem efetivamente a pena. O custo do ciclo de vida das instalações especializadas (TIC) e o custo do ciclo de vida de outras instalações incluem o custo de aquisição, o custo de funcionamento, o custo de alojamento das próprias TIC, o custo de manutenção e o custo de eliminação no futuro.

Satisfação do utilizador

Será criado um centro de TIC em cada instituição de ensino superior para ser utilizado por estudantes, pessoal e também por entidades externas, de modo a que o centro possa obter recursos externos. Na maioria das instituições de ensino superior na Nigéria, o pessoal e os estudantes queixam-se da falta de Internet e de cibercafés, bem como das constantes falhas de energia. No entanto, é necessário disponibilizar uma Internet funcional que possa ser utilizada tanto pelo pessoal como pelos estudantes, especialmente para facilitar as actividades de investigação, para que os estudantes possam pagar, registar-se e efetuar outras transacções electrónicas em linha.

Análise de valor

A engenharia de valor engloba novos conceitos e técnicas de gestão, como a gestão da qualidade total, a capacitação dos trabalhadores e a avaliação comparativa, bem como a melhoria da qualidade e a obtenção de vantagens competitivas no mercado. O objetivo da engenharia de valor é fornecer um produto ou serviço que satisfaça as necessidades do cliente a um preço que este esteja disposto a pagar. Para além disso, os clientes devem reconhecer o valor do produto ou serviço para o venderem - independentemente da qualidade ou da eficiência da produção. A nível mundial, a tónica é colocada no valor por várias razões: concorrência global, reestruturação, redução de efectivos e avanços tecnológicos. Em suma, a engenharia de valor é uma abordagem de equipa multidisciplinar para identificar e eliminar custos desnecessários e melhorar a qualidade e a satisfação do cliente com base na análise funcional. Pode ser utilizada como uma ferramenta para identificar e eliminar custos desnecessários no planeamento, operação e manutenção de uma instalação e para desenvolver parâmetros de referência para o desempenho de uma instalação.

Licitação eletrónica

Os concursos electrónicos referem-se à emissão e receção electrónicas de documentos de concurso como parte do processo de adjudicação. Não se limita aos leilões em linha e aplica-se a contratos em que são utilizados diferentes formatos de documentos, ou seja, electrónicos e em papel (correio eletrónico ou disco). A prática normalizada aplicada evita trabalho administrativo desnecessário resultante de incoerências, mal-entendidos ou conflitos técnicos.

As vantagens dos concursos electrónicos vão desde a simplificação do processo, a redução dos custos dos concursos, o facto de não ser necessário introduzir as mesmas informações duas ou três vezes, até uma avaliação mais justa das propostas. Contribuem igualmente para reduzir os custos, evitando desperdícios, reunindo o poder de compra e simplificando o processo de justificação dos procedimentos de concurso. No entanto, existem os seguintes obstáculos a uma adoção bem sucedida dos concursos electrónicos: a falta de normas acordadas, a ausência ou a falta de aconselhamento imparcial, potenciais armadilhas jurídicas e técnicas, a falta de restrições a qualquer forma de contrato, mas foram redigidos tendo em conta o direito inglês e podem exigir algumas alterações se forem adoptados fora do Reino Unido. No entanto, seria desejável que as universidades britânicas pudessem utilizar os concursos electrónicos e tornar todo o processo rentável.

Vantagens da gestão remota de energia em carteiras de edifícios de retalho

A gestão remota da energia permitiu reduzir o consumo total de energia em 12% e 6%, respetivamente, durante o período de dois anos, consoante a carteira. O consumo de eletricidade diminuiu 7% e o consumo de calor diminuiu em média 26% na primeira carteira e 7% e 4%, respetivamente, na segunda carteira.

O ambiente construído (incluindo edifícios residenciais e comerciais) é responsável por 40% das emissões de carbono (consumo total de energia) e das emissões de dióxido de carbono. Por conseguinte, a redução do impacto ambiental dos edifícios representa um potencial significativo na luta contra as alterações climáticas.

Tradicionalmente, até 80-90% do impacto ambiental dos edifícios é atribuído à fase operacional. Por conseguinte, a forma como os edifícios são explorados e geridos tem um grande potencial para o desenvolvimento do parque imobiliário. No caso dos edifícios mais modernos, com normas de desempenho energético cada vez mais rigorosas, a importância da fase operacional parece estar a diminuir, mas continua a representar uns significativos 50% dos impactos da energia primária e das alterações climáticas.

O papel da gestão de edifícios pode ser muito importante para o desempenho ambiental de um edifício. A gestão das instalações também tem sido associada à certificação de edifícios ecológicos no contexto dos edifícios de escritórios. A gestão energética do utilizador final também foi reconhecida como um conceito de gestão de instalações que contribui para a eficiência energética dos edifícios. No contexto do ambiente construído, as medidas de eficiência energética foram identificadas

como uma das formas mais importantes de atenuar as alterações climáticas. A melhoria da eficiência energética é uma das medidas mais importantes para reduzir as emissões de gases com efeito de estufa ao longo do ciclo de vida de um edifício.
A melhoria da eficiência energética contribui para reduzir os custos de funcionamento e o impacto no clima. As medidas de eficiência energética incluem tanto a melhoria da gestão energética como a poupança de energia. A gestão da energia é o processo de monitorização, controlo e poupança de energia num edifício ou organização. Os principais tipos de consumo de energia nos edifícios são o aquecimento, a iluminação e a refrigeração, que podem ser controlados por sistemas de automatização dos edifícios. Nos edifícios comerciais, a iluminação é frequentemente responsável pela maior parte do consumo total de energia. É sabido que o funcionamento e a manutenção inadequados dos sistemas técnicos dos edifícios podem conduzir a um consumo desnecessário de energia, ao desconforto dos ocupantes, a uma má qualidade do ar interior e mesmo a danos ambientais, razão pela qual é necessário prestar mais atenção à manutenção adequada dos edifícios.

Os sistemas de automatização de edifícios têm sido tradicionalmente vistos como ajudas técnicas para áreas limitadas de gestão de energia, segurança ou controlo ambiental. As principais razões para a introdução de sistemas de automatização de edifícios foram a melhoria do conforto dos utilizadores e a redução dos custos de funcionamento.

Nas carteiras de edifícios comerciais com uma boa gestão da energia, o consumo de eletricidade pode ser reduzido em 7 cêntimos e o consumo de calor em 10 cêntimos. No entanto, em média, o consumo de energia pode ser reduzido através da monitorização e controlo contínuos e regulares dos sistemas e aparelhos dos edifícios.

Implementação bem sucedida de projectos de poupança de energia

É necessário desenvolver um quadro para a implementação bem sucedida de projectos de poupança de energia em qualquer ambiente que responda às necessidades do desenvolvimento atual sem pôr em risco a capacidade das gerações futuras de satisfazerem as suas próprias necessidades. As estratégias de eficiência energética mais comummente implementadas incluem melhorias no aquecimento, ventilação e arrefecimento (AVAC), isolamento e iluminação.

Aplicação da neurociência à gestão de instalações

A arquitetura e a neurociência são duas especialidades diferentes, mas têm muito em comum. Um arquiteto concebe edifícios robustos com ambientes confortáveis, centrando-se na estética e na funcionalidade dos elementos construtivos. A neurociência vem em socorro quando se trata da perceção dos edifícios, que é um processo cerebral difícil de quantificar. Antes de se recorrer à observação e aos questionários, as ciências sociais eram utilizadas para analisar a forma como a arquitetura afecta o nosso humor ou a nossa perceção. A neurociência ajuda a reduzir o stress. A neurociência permite utilizar os sentidos para percecionar o ambiente.

Há indícios de que o local de trabalho tem um impacto significativo na satisfação dos trabalhadores e, em última análise, na produtividade e rentabilidade da organização. A neurociência oferece ao projetista uma fonte adicional de conhecimento para explorar formas de melhorar o conforto humano e o consumo de energia sem recorrer a tecnologia sofisticada.

Verificou-se que as condições dos edifícios escolares têm uma grande influência nos resultados dos testes dos alunos. Além disso, a conceção das salas de aula tem um impacto significativo na aprendizagem dos alunos. A conceção dos edifícios escolares tem sido associada a mudanças nas práticas educativas, e a conceção dos edifícios escolares tem um impacto nos alunos com problemas de concentração. A melhoria das condições ambientais pode, de facto, melhorar significativamente o desempenho dos alunos a curto prazo, reduzindo as distracções e o absentismo. A melhoria das condições físicas das escolas pode beneficiar os professores, melhorando a sua moral e reduzindo o absentismo e a rotação do pessoal, o que afecta indiretamente os resultados dos alunos. Os alunos das escolas com bons edifícios revelam uma maior satisfação global com o dia de escola do que os alunos das escolas com maus edifícios, e as áreas exteriores aos edifícios também podem fazer a diferença para os alunos. A qualidade do ambiente escolar tem um impacto direto na saúde dos alunos.

Reduzir o consumo de energia através de mudanças de comportamento

As instalações educativas consomem cerca de 14% do total de energia consumida nos edifícios, o que as torna a terceira maior fonte, a seguir aos edifícios comerciais e de escritórios. Para maximizar as poupanças de energia nos edifícios escolares, os gestores de edifícios precisam de compreender tanto os próprios edifícios como o comportamento de consumo de energia dos ocupantes. Através da educação, da tecnologia e de campanhas sociais, as escolas podem reduzir significativamente o consumo de energia e aumentar a consciencialização ambiental geral dos ocupantes dos edifícios. Isto também pode ser feito por instituições terciárias na Nigéria.

- Satisfação com o serviço

Considera-se crucial compreender as percepções dos consumidores sobre os parâmetros de qualidade dos serviços, a fim de fornecer serviços básicos e de alta qualidade aos consumidores (o público). A fim de compreender um processo tão complexo e desenvolver uma ferramenta para medir a satisfação com os serviços públicos para todos os tipos de consumidores e facilitar a conceção e a aplicação de políticas, muitos governos em todo o mundo transferiram os seus serviços dos serviços tradicionais para os meios electrónicos. Ao utilizar a Internet, os governos podem também proporcionar um acesso mais cómodo e mais rápido aos seus serviços e informações. Os governos podem procurar melhorar a sua eficiência e eficácia através da introdução da administração pública eletrónica. O fator-chave que determina o êxito ou o fracasso dos projectos de administração pública eletrónica é a qualidade dos serviços electrónicos, que pode ser medida utilizando um modelo de equação estrutural e a ferramenta de medição dos serviços electrónicos, que é medida através da validação do modelo de serviço.

Modelação da informação da construção (BIM)

O BIM é uma representação digital das caraterísticas físicas e funcionais de um objeto. O BIM é um recurso de conhecimento partilhado para informações sobre um objeto que constitui uma base fiável para a tomada de decisões durante o seu ciclo de vida. A utilização do BIM pode trazer os seguintes benefícios Melhorar a conceção e o planeamento das obras de construção e promover a saúde e a segurança nos estaleiros de construção. O BIM é uma nova tecnologia e uma nova forma de trabalhar, uma forma diferente de pensar. É uma nova ferramenta que é utilizada num processo existente para rever a forma de trabalhar e criar oportunidades para criar uma nova estrutura. Os benefícios do BIM são: informação coordenada do projeto, redução real de custos de 30%, deslocalização de competências, redução anual dos custos de construção em 10%, tempo, melhores práticas, compromisso com a qualidade.

Ferramentas do processo de construção

Cartografia

O mapeamento é uma das ferramentas mais frequentemente utilizadas para analisar e otimizar processos. Um mapa de processos é definido como uma representação gráfica de um processo. Pode representar todo o processo a um nível elevado ou uma sequência de tarefas a um nível pormenorizado. Normalmente, mostra as entradas, os caminhos, os pontos de decisão e as saídas do processo. Pode também incluir informações como o tempo, o inventário e a mão de obra. Um bom mapa de processos deve permitir que as pessoas que não estão familiarizadas com o processo o compreendam. Deve ter um nível de pormenor adequado e conter informações importantes, como entradas, saídas e tempo, para facilitar uma análise mais aprofundada. Os princípios básicos do mapa de processos incluem: Usar um tipo apropriado de mapa de processo, usar pessoas experientes para obter os melhores resultados, identificar claramente o produto ou serviço para definir a sequência associada de eventos que produzem o produto ou serviço, estabelecer limites claros, o ponto inicial ou final do processo, e o mapeamento deve ser feito com as pessoas envolvidas no processo. No mapeamento de processos, são utilizados símbolos para designar outras actividades se a sua definição for geralmente compreensível e consistente.

Avaliação comparativa

Um relatório do Centro Americano para a Produtividade e a Qualidade (1992) afirma que o benchmarking é a prática de ser suficientemente humilde para reconhecer que alguém pode fazer algo melhor, e suficientemente inteligente para aprender a igualar ou mesmo ultrapassar essa pessoa. Esta definição resume a essência do benchmarking.

A introdução e aplicação do benchmarking é uma função essencial que serve para comparar organizações com parceiros de excelência, a fim de melhorar o desempenho. O benchmarking é também um processo contínuo e sistemático de avaliação de produtos, serviços ou processos de trabalho de organizações que são reconhecidas como representantes das melhores práticas, com o objetivo de melhorar a organização. Ajuda as organizações a obterem uma visão externa das melhores práticas, comparando constantemente o seu desempenho com o de outras organizações. Na Nigéria, a adoção e aplicação do benchmarking ainda está a dar os primeiros passos devido à compreensão e prática limitadas da gestão de instalações. As métricas são utilizadas para quantificar e avaliar o desempenho ou indicadores como o custo total (custo por pessoa e custo por metro quadrado), o rácio entre o espaço total e o espaço utilizável, a energia como percentagem do espaço total, etc. O aferimento de desempenhos também tem a ver com a identificação das melhores práticas, tanto em termos de produtos como do processo de criação e fornecimento desses produtos. O objetivo do benchmarking é compreender e avaliar a posição atual de uma empresa ou organização em relação às melhores práticas e identificar áreas e oportunidades de melhoria do desempenho.

O benchmarking é uma ferramenta que ajuda a melhorar o desempenho de funções críticas numa organização ou em áreas-chave do ambiente empresarial. A aplicação do benchmarking envolve quatro etapas fundamentais: os processos empresariais existentes na organização, a análise dos processos empresariais de outras organizações, a comparação do desempenho da própria organização com o de outras organizações analisadas e a implementação das medidas necessárias para colmatar as lacunas de desempenho. No entanto, para que o benchmarking seja eficaz, deve ser uma atividade contínua e não uma atividade pontual.

Indicadores-chave de desempenho

Os indicadores-chave de desempenho (KPI) são uma lista de métricas que as organizações utilizam para quantificar o seu desempenho. Um KPI é uma solução analítica completa que combina métricas críticas que mostram o desempenho passado com métricas que mostram o desempenho futuro. A diferença é que um conjunto de métricas indica-lhe onde está, enquanto o outro fornece provas convincentes de onde estará.

No entanto, são necessários KPIs normalizados para que uma organização possa gerir ativamente os KPIs e melhorá-los ao longo do tempo. Os princípios básicos utilizados são os seguintes: O KPI é específico, pertence claramente a um determinado departamento ou grupo, é mensurável, pode ser produzido em tempo útil, está limitado a alguns itens para um determinado scorecard, tem metas e pode ser alinhado com os objectivos gerais da organização.

Melhores práticas no sector da construção

As boas práticas são os conhecimentos que estão na base de exemplos de boas práticas, ou seja, conhecimentos específicos, intercâmbio e aplicação no sector da construção. Isto inclui as melhores práticas sob a forma de novas tecnologias, métodos de aquisição e gestão de projectos de construção. As melhores práticas de construção permitem que as organizações satisfaçam plenamente as necessidades empresariais e gerem lucros crescentes que podem ser reinvestidos em pessoas, produtos e processos ou distribuídos aos acionistas. As melhores práticas de construção referem-se a tecnologias, métodos de construção, métodos de aquisição e gestão de activos melhores, mais rápidos, mais baratos, mais seguros e mais simples. Este relatório contém uma lista das principais práticas empresariais, tais como aquisições, parcerias, gestão do risco, gestão do valor e construção sustentável.

Outras práticas empresariais fundamentais incluem o benchmarking, a gestão da cadeia de abastecimento, o cálculo dos custos do ciclo de vida, a saúde e segurança e a construção optimizada. As empresas que adoptam as melhores práticas alcançam uma maior satisfação do cliente, empregados mais felizes, instalações mais seguras, menor impacto ambiental e geram consistentemente mais 10% de lucro do que as que não o fazem. As Melhores Práticas na Construção são um programa que promove a sensibilização para os benefícios das melhores práticas e fornece aconselhamento personalizado para ajudar todos os envolvidos na construção a melhorar o seu desempenho - ou seja, clientes, empreiteiros, consultores e empresas especializadas.

Gráfico de Gantt

Entende-se que um diagrama de Gantt é um tipo de diagrama de barras que pode ser utilizado para representar o calendário de um projeto com datas de início e fim para os elementos finais e resultados de um projeto. É ainda explicado que os elementos finais e finitos formam a estrutura de repartição do trabalho. Além disso, alguns diagramas de Gantt também mostram as dependências (ou seja, a rede de prioridades) entre as actividades. Os gráficos podem ser utilizados para mostrar o estado atual do calendário utilizando a percentagem de sombreamento do progresso e a linha vertical "TODAY".

Estrutura analítica do trabalho

A Estrutura Analítica do Trabalho (EAP) é utilizada para definir pacotes de trabalho e para desenvolver e acompanhar os custos e prazos do projeto. O trabalho a ser realizado é dividido em tarefas, cada uma com um gestor, um departamento, um custo e um calendário, um âmbito técnico e uma área geográfica específica. Além disso, cada gestor de tarefa executa os planos do projeto para esse elemento e implementa os requisitos de desempenho do sistema na seleção do design, controlo de custos e prazos, qualidade, segurança e documentação. O gestor do sistema aconselha o gestor de tarefas e a gestão do projeto sobre a possibilidade de cumprir os requisitos técnicos necessários para o sucesso do projeto. A estrutura analítica do trabalho (EAP) é um modelo do trabalho a realizar num projeto, organizado numa estrutura hierárquica. Ajuda a manter uma visão geral do projeto, constitui a base para a organização e coordenação do projeto e mostra o âmbito do trabalho, os requisitos de tempo e os custos associados ao projeto. É a base operacional para o planeamento do projeto, o cálculo dos custos, a programação, o planeamento da capacidade e o controlo do projeto.

Análise do caminho crítico (CPA)

A análise do caminho crítico (CPA) ou modelo do caminho crítico (CPM) ajuda a planear todas as tarefas que têm de ser concluídas como parte de um projeto. A CPA serve de base para a programação e o planeamento de recursos. Também ajuda a monitorizar a realização dos objectivos do projeto quando o trabalho já está em curso. Ajuda a reconhecer onde é necessário tomar medidas corretivas para colocar o projeto de novo no bom caminho. No entanto, as vantagens da utilização da CPA no processo de planeamento são as seguintes: ajuda a desenvolver e a rever o nosso plano para garantir a sua robustez; identifica também as tarefas que devem ser concluídas a tempo para que todo o projeto possa ser concluído a tempo e as tarefas que podem ser atrasadas se for necessário reafectar recursos para recuperar o trabalho perdido ou em atraso; ajuda também a determinar o tempo mínimo necessário para concluir o projeto e ajuda a determinar quais as fases do projeto que devem ser aceleradas para cumprir o calendário. Em suma, o ponto fraco do diagrama de Gantt reside na relação entre as tarefas e o tempo, que não é imediatamente visível, como acontece com os diagramas de Gantt.

Técnicas de avaliação e revisão de programas (PERT)

Um diagrama PERT é ideal para definir e apresentar as dependências entre tarefas É um diagrama que pode ser utilizado como ferramenta de planeamento de projectos para planear informações como a duração, o início, a conclusão e o custo Calcula automaticamente quando as tarefas devem ser executadas com base na duração e nas dependências definidas No entanto, os planos criados num diagrama PERT-EXPERT podem ser mantidos e geridos separadamente, transferidos diretamente para o Microsoft Project ou transferidos para qualquer programa Pode transferir um diagrama PERT para o Microsoft Project em qualquer altura com um simples clique do rato em modo automático. O programa é compatível com o Microsoft Project Server 2002, 2003, 2007 e 2010.

Requisitos funcionais e operacionais dos elementos do edifício

Existem muitos elementos num edifício que constituem toda a estrutura, tais como fundações de betão, sapatas, impermeabilização, paredes, janelas, portas e vigas. Outros elementos incluem lintéis, colunas, postes, tectos, asnas de telhado, coberturas de telhado, parapeitos, varandas, transições, escadas, rampas, lajes e acabamentos. No entanto, cada um dos elementos enumerados deve cumprir determinadas funções, a fim de satisfazer a intenção do projeto e as necessidades dos utilizadores. Além disso, questões como a construtibilidade ou a possibilidade de construção dos desenhos do edifício devem ser discutidas antes de considerar cada um dos elementos de construção acima referidos.

A construtibilidade é a simplicidade da conceção dos edifícios, centrando-se em questões como uma maior normalização e uma melhor comunicação entre projectistas, fabricantes e clientes. A conceção e a construtibilidade dos edifícios são determinadas pelos requisitos funcionais e operacionais do edifício, desde os conceitos iniciais até à elaboração de pormenores e à produção de informações (desenhos, planos e especificações) com base nas quais o edifício é construído.

Na sua opinião, a construtibilidade é muito importante para a conceção das ligações entre os diferentes materiais, ou seja, a forma como são montados, e para uma boa pormenorização, o que ajuda a construir o edifício de forma segura e económica e a garantir a durabilidade e a utilização do edifício durante o seu tempo de vida. A construtibilidade da conceção do edifício tem por objetivo evitar o trabalho improdutivo no local, simplificar o processo de produção, gerir as instalações de forma eficiente e criar um ambiente de trabalho mais seguro.

Funções dos edifícios

Os edifícios cumprem funções como a proteção, a segurança e o conforto dos utilizadores e dos seus pertences, a facilidade de utilização e operação (funcionalidade), a manutenção simples, as reparações e substituições regulares, a adaptabilidade e durabilidade e a reciclabilidade dos materiais e componentes.

Desempenho dos edifícios

O desempenho dos edifícios é influenciado pelos clientes, pela legislação e pela sociedade. Para além disso, explicam o seguinte: O espaço num edifício é determinado pelo índice de área do piso ou da coluna; desempenho térmico e acústico, vida útil e vida útil do edifício e dos elementos individuais do edifício, custos de construção, custos de funcionamento e custos de demolição e eliminação, qualidade dos edifícios acabados, aparência dos edifícios acabados. Outras caraterísticas incluem: Utilização do edifício - por exemplo, disponibilização de espaço de trabalho específico para empresas de restauração, caraterísticas legais em conformidade com os regulamentos de construção, requisitos de desempenho específicos, como isolamento de paredes e proteção contra incêndios para portas.

Requisitos funcionais para plintos e fundações

A fundação é a parte mais baixa das paredes do edifício, que pode ser feita de pedra, betão ou aço. A espessura da fundação é determinada pela natureza do solo, pela capacidade de carga do solo, pela carga segura e pelas cargas mortas e vivas. A largura da parte de betão da fundação é três vezes superior à largura das paredes. Além disso, a fundação tem a tarefa de suportar o edifício, transferindo as cargas vivas e mortas e distribuindo-as uniformemente por todo o comprimento e largura da fundação.

As cargas mortas, as cargas sobrepostas e as cargas de vento que actuam sobre um edifício devem ser transferidas com segurança para o solo sem causar deformações no edifício ou movimentos do solo que possam pôr em causa a estabilidade do edifício e das estruturas vizinhas. Além disso, uma boa fundação deve cumprir as seguintes funções: Não deve desmoronar sob a carga; não deve ser destruída por raízes de árvores; não deve ser exposta à água; deve ser projectada e construída para resistir aos movimentos do solo; deve ser projectada para limitar os assentamentos e ser uniforme sob todo o edifício; deve ter em conta a capacidade de suporte das diferentes rochas e solos e não exceder esta capacidade ao projetar a fundação, a fim de limitar os assentamentos; deve n

A Fundação apoia

Representam um alargamento dos níveis inferiores das paredes e podem ser utilizadas em conjunto com fundações em faixas para distribuir a carga do edifício por uma grande área.

Rés do chão e andar superior

Os pavimentos podem ser de betão ou de madeira. Além disso, os pavimentos são mais frequentemente utilizados em função do vão e do desempenho exigidos em termos de segurança contra incêndios e de resistência à transmissão de calor e som. Os requisitos funcionais dos pavimentos incluem também: resistência e estabilidade suficientes, resistência às intempéries e à humidade do solo, durabilidade e ausência de manutenção frequente, segurança contra incêndios - resistência à propagação do fogo e apoio estável para a evacuação dos ocupantes, resistência à passagem do calor e resistência à passagem do som.

Cursos de proteção contra a humidade

Existem membranas à prova de humidade para impedir o desenvolvimento de organismos vegetais sob o rés do chão que possam constituir um risco para a saúde dos ocupantes do edifício?

Paredes

As paredes podem ser construídas com uma variedade de materiais, como tijolos, blocos, betão, pedra e outros. Explicam que as paredes exteriores proporcionam proteção e que as paredes interiores dividem os edifícios em salas ou compartimentos. Além disso, explicam que as paredes encerram e protegem um edifício ou dividem uma divisão ou divisões dentro de um edifício. Os requisitos funcionais das paredes incluem: resistência e estabilidade suficientes, resistência às intempéries e à humidade do solo, durabilidade e ausência de manutenção, proteção contra incêndios, resistência térmica, resistência ao ar e ao ruído de impacto, segurança e estética.

Valores de limiar

Devem ser instaladas soleiras na porta de entrada de um edifício se o piso do rés do chão do edifício for mais elevado do que o nível geral do solo à volta do edifício ou se o terreno em que o edifício se encontra for tal que a superfície do piso do rés do chão seja mais elevada do que o nível geral do solo.

Escada

Uma escada é um elemento estrutural de um edifício com uma série de degraus de madeira, betão ou metal que permitem passar a pé para outro nível, colocando um pé após o outro em degraus alternados para subir ou descer a escada. É constituída por dois ou mais degraus rectos dispostos com um quarto ou meia volta nos patamares intermédios entre pisos. Enquanto meio de acesso vertical entre os pisos de um edifício, a escada deve satisfazer os seguintes requisitos funcionais: Deve ser concebida de modo a permitir um acesso fácil, cómodo e seguro para cima e para baixo, com degraus fáceis de percorrer, numa área de implantação compacta.

Rampas

As rampas são superfícies uniformemente inclinadas que ligam diferentes níveis como um plano inclinado, com uma inclinação de pelo menos 1:20 (1 metro de subida vertical por cada 20 metros de subida horizontal). Proporcionam um acesso fácil e seguro para cadeiras de rodas e carrinhos de bebé e são menos complicadas do que as escadas para as pessoas com mobilidade reduzida. As rampas devem obedecer aos seguintes requisitos funcionais movimento vertical seguro de um nível para outro; resistência e estabilidade suficientes para suportar pessoas, equipamento e mobiliário (cargas carregadas e mortas); facilidade de utilização e manobrabilidade, especialmente para pessoas com deficiência, devido à presença de corrimãos e patamares; Proteção contra incêndios - evitar a propagação do fogo; reduzir a propagação do ruído de impacto; reduzir o risco de escorregamentos, tropeções e quedas; eliminar o risco de proteger pessoas, equipamentos e mobiliário; reduzir o risco de escorregamentos, tropeções e quedas; reduzir o risco de quedas.

Janelas

Aberturas em paredes ou telhados que permitem a passagem da luz do dia através de materiais transparentes ou translúcidos. As janelas oferecem proteção contra o vento e a chuva (como parte da envolvente da parede ou do telhado) e actuam como barreira contra a transmissão excessiva de calor, som e fogo das paredes ou telhados circundantes.

Portas

As portas são barreiras sólidas que são fixadas nas aberturas das paredes com dobradiças, pinos ou parafusos e podem ser abertas (ou fechadas). As portas permitem o acesso e a saída dos edifícios, bem como a transição entre salas, departamentos e corredores. Além disso, as portas são partes integrantes das paredes e os seus caixilhos são parte integrante da construção geral das paredes. As portas devem cumprir os seguintes requisitos funcionais: acesso seguro e vias de evacuação; segurança, ou seja, proteção contra a entrada não autorizada; privacidade; resistência às intempéries; resistência à transmissão de calor e som; resistência e estabilidade suficientes; durabilidade e ausência de manutenção; proteção contra incêndios e estanquidade ao ar; design estético.

Lintéis e arcos

São instalados para cobrir aberturas de portas e janelas. No planeamento dos lintéis e dos arcos, são tidos em conta todos os princípios aplicáveis aos elementos estruturais dos edifícios, ou seja, os vãos das aberturas e as cargas que devem suportar.

Telhados

As coberturas proporcionam proteção contra as intempéries e reduzem a perda de calor do edifício. Além disso, os telhados devem cumprir os seguintes requisitos funcionais: força e estabilidade suficientes, durabilidade e resistência às intempéries, ausência de manutenção frequente, segurança contra incêndios, resistência ao calor, permeabilidade ao som e ao ar, segurança suficiente e aspeto estético. No entanto, a resistência e a estabilidade dos telhados dependem de paredes e vigas estruturais e de uma profundidade ou espessura suficiente das vigas de madeira. Os telhados, quer sejam feitos de madeira, betão ou aço, não devem dobrar excessivamente sob a carga morta do telhado e a carga da neve e da pressão do vento ou da elevação.

Arranjos interiores

As superfícies formam a interface entre os utilizadores do edifício e o próprio edifício. As superfícies naturais encontram-se em materiais como a madeira, a pedra, o tijolo e o vidro. No entanto, os materiais com acabamentos naturais têm de ser cuidadosamente selecionados, o que pode ajudar a reduzir o tempo de construção e o custo inicial da construção do edifício, bem como a desconstruir o edifício e a reutilizar os materiais de construção no futuro. Em resumo, os requisitos funcionais para os acabamentos interiores devem ser os seguintes: Devem proporcionar uma superfície durável, ser visualmente apelativos e exigir pouca manutenção para superfícies de pavimentos, paredes e tectos.

Design exterior

Devem cumprir os seguintes requisitos funcionais: Estética; Durabilidade; Forte ligação mecânica ou química ao substrato estrutural; Flexibilidade, ou seja, a capacidade de resistir a movimentos térmicos e de humidade (através de juntas de controlo, por razões de saúde e segurança).

Prestação de serviços nos domínios dos combustíveis sólidos, do gás e da eletricidade

A diretiva da União Europeia relativa ao desempenho energético dos edifícios visa reduzir o consumo de energia de todo o edifício. Os seguintes requisitos funcionais aplicam-se ao fornecimento de combustíveis sólidos, gás e serviços eléctricos: A qualidade do interior do edifício determina o tipo de aquecimento, ventilação e serviços, o que, por sua vez, afecta o bem-estar e o conforto dos utilizadores do edifício; deve ser garantida a facilidade de utilização de energia, reparação e substituição, saúde e segurança, conforto e bem-estar dos utilizadores; os combustíveis sólidos podem ser produzidos a partir de combustíveis sem fumo, betuminosos (carvão doméstico), coque, madeira e turfa; a eletricidade pode ser utilizada para aquecimento, ventilação, aquecimento, ventilação e serviços eléctricos, o que, por sua vez, afecta o bem-estar e o conforto dos utilizadores do edifício.

Clima de segurança no desempenho de segurança dos trabalhadores no local

O clima de segurança é um quadro de referência que determina o comportamento adequado e adaptativo das tarefas, e o clima engloba as percepções dos trabalhadores sobre as políticas, os procedimentos e as práticas relacionadas com a segurança, o que constitui o clima de segurança. É a manifestação da cultura de segurança no comportamento e nas atitudes dos trabalhadores, e o estado atual reflecte a cultura de segurança subjacente, que inclui dois factores do clima de segurança, nomeadamente o empenho da gestão e o envolvimento dos trabalhadores, bem como procedimentos de segurança inadequados e práticas desactualizadas. O clima de segurança influencia o comportamento dos trabalhadores através da expetativa de resultados comportamentais, e espera-se que um clima de segurança baixo tenha uma correlação negativa entre o clima de segurança e as taxas de acidentes e lesões.

No entanto, um clima de segurança mais elevado está associado a um menor número de acidentes auto-relatados, e foi demonstrado que a estrutura descentralizada da gestão da segurança e o estilo de gestão participativa dos supervisores tornam a gestão da segurança mais eficaz. É importante que os departamentos de construção e de serviços das instituições de ensino superior na Nigéria
para transmitir uma cultura de segurança aos seus trabalhadores nos estaleiros de construção.

Capítulo 14 Teoria X e Y da gestão

Ajudam a mudar e a orientar as práticas de gestão de acordo com as necessidades das diferentes pessoas e situações. O objetivo é incentivar as pessoas a motivarem-se e a liderarem-se a si próprias. Esta teoria foi **desenvolvida** por **Douglas McGregor.**

Teoria X Gestão

Esta é uma estratégia tradicional de "mandar e obedecer" utilizada na gestão de pessoas para alcançar a eficiência. O chefe diz aos empregados o que fazer e como fazer, e se eles desobedecerem à ordem, segue-se o castigo.

Teoria e gestão

Esta teoria pode ser aplicada aos trabalhadores com autodisciplina, uma vez que estes têm gosto em assumir responsabilidades. Realizam as tarefas que lhes são atribuídas sem supervisão. Quanto mais bem formado e qualificado for o pessoal, mais se pode contar com estes talentos naturais.

Qualidades de liderança

- Assumir a liderança nas reuniões para clarificar os objectivos e a ordem de trabalhos.
- Concentre-se em obter resultados nas tarefas a que se propôs.
- Oferecer ideias originais para discussão nas reuniões.
- Manter uma relação amigável com todos os membros da equipa.
- Assumir a responsabilidade e aceitar conselhos imparciais de cima, de baixo e dos colegas.
- Exprima uma amizade sincera e próxima e espere algo em troca.
- Capacidade de trabalhar facilmente com todos os tipos de pessoas.
- Reserve algum tempo todas as semanas para recarregar as suas baterias mentais.

Reunião no local

Agendas

As ordens de trabalhos das reuniões dependem do âmbito das missões e da forma como o arquiteto ou o consultor principal deseja conduzir as reuniões. Devem ser distribuídas pelo menos uma semana antes da reunião para que os participantes possam preparar as suas informações, evitando assim adiamentos.

Alguns dos pontos previstos na ordem de trabalhos são enumerados **a seguir:**

Ata da reunião anterior, questões decorrentes da ata anterior, relatório de progresso do empreiteiro, correspondência, informações solicitadas, emissão de desenhos adicionais, instruções e alterações, relatórios sobre ou de subempreiteiros, relatórios sobre materiais e fornecedores, atrasos e defeitos, trabalhos e serviços exigidos por lei e datas da próxima reunião.

Actas de reuniões

Estas perguntas devem ser redigidas pelo promotor residente ou pelo seu representante autorizado e distribuídas a todos os participantes o mais rapidamente possível após a reunião. Além disso, deve ser criada uma "caixa de ação" para atribuir responsabilidades às pessoas adequadas, que responderão a estas questões quando participarem em reuniões subsequentes.

Relatório do contratante

Este relatório é preparado pelo gestor de projeto em nome do empreiteiro e apresentado na reunião. No interesse das boas relações, seria melhor que o promotor imobiliário local recebesse uma cópia do relatório para comentário e aprovação antes da reunião. Isto pode poupar muito tempo na reunião, uma vez que estarão presentes mais pessoas e haverá mais tempo para discutir o progresso do contrato. O empreiteiro local é a única pessoa que pode comentar o progresso. Por isso, ele deve estar bem informado para poder responder a todas as questões levantadas durante a reunião, especialmente as que constam da ordem de trabalhos. Para que o gestor de projeto possa confirmar ou corrigir o relatório, o empreiteiro residente deve efetuar uma inspeção completa das obras antes da reunião no local.

Programa

As discussões devem centrar-se no relatório de progresso e o construtor residente deve manter actualizada a sua cópia do programa. Um pouco de tempo antes da reunião pode esclarecer o verdadeiro estado da situação.

Relatório do promotor local

O empreiteiro local prepara um relatório do contrato antes da reunião. Para além de discutir o progresso do trabalho, podem ser sugeridas outras melhorias e mencionados atrasos. O estado e a quantidade dos materiais entregues no local devem ser comunicados e os atrasos nas entregas devem ser registados. Também deve ser mencionado um relatório sobre a adequação dos materiais utilizados no local.

Diário do sítio Web

O empreiteiro residente mantém um diário de obras. Deve mantê-lo progressivamente e registar nele todos os trabalhos realizados durante o contrato. Os registos devem ser feitos diariamente, de forma ordenada e legível, depois de ter estimado com exatidão o andamento diário dos trabalhos e o total da mão de obra e do equipamento utilizados na obra. As greves e outros atrasos que afectem a data de conclusão dos trabalhos contratuais devem ser registados com precisão, indicando o período durante o qual os trabalhos foram atrasados ou interrompidos. As intempéries podem causar atrasos ou interrupções nos trabalhos. Outras razões incluem: Alterações ao projeto e alterações ao contrato. Os visitantes do estaleiro devem ser sempre registados, especialmente os que vêm para tomar decisões ou para reuniões que afectam o andamento dos trabalhos.

Registos de progresso

O construtor residente deve apresentar semanalmente um relatório em papel sobre os progressos efectuados no local. O relatório deve incluir: uma estimativa exacta da quantidade total de trabalho no local, incluindo relatórios de todos os subcontratantes e fornecedores nomeados. Devem ser mencionadas as condições climatéricas no momento da apresentação dos relatórios, a existência de erros nos relatórios e as informações necessárias. Deve ser mencionada uma avaliação dos progressos registados em relação ao programa.

As visitas ao estaleiro devem ser indicadas, bem como a entrega dos materiais e o seu estado aquando da inspeção pelo empreiteiro residente. Os atrasos na entrega dos materiais podem afetar o andamento do contrato e devem ser mencionados no relatório semanal.

Preparação do programa

Um programa é uma expressão visual do processo de planeamento. Mostra a relação entre as diferentes operações e tarefas, quando os recursos são necessários no local e quando podem ser retirados, em termos de pessoas, máquinas e equipamento.
Existem diferentes tipos de programas e diferentes técnicas que podem ser utilizadas para os criar e demonstrar. As diferentes dimensões e complexidade dos projectos de construção requerem diferentes tipos de programas. Pense cuidadosamente antes de decidir sobre um determinado tipo de programa. É importante numerar e datar todos os programas para que todas as partes interessadas possam saber o número atual do programa em caso de revisão. Quando um arquiteto aceita um programa, aceita que deve fornecer todas as informações necessárias para cumprir o programa; o mesmo se aplica à sua equipa de consultores.
Os programas fornecem uma base realista para o empreiteiro determinar o custo e o valor das obras. Constituem a base a partir da qual os programas de pré-construção e gerais podem surgir se o empreiteiro for bem sucedido, ou seja, se lhe for adjudicado o contrato. O diretor da obra também está envolvido no desenvolvimento do programa de pré-construção para criar um sentido de compromisso. Qualquer bom diretor de obra fará um esforço genuíno para recuperar o terreno perdido se tiver sido responsável pelo programa

Capítulo 15: Produção e gestão de projectos de construção

Os calendários das entregas de materiais, dos trabalhos de construção e dos subcontratantes podem ter de ser reescritos se os trabalhos não decorrerem de acordo com o previsto e a situação não puder ser corrigida após consulta do arquiteto local.

Programa de mestrado ou programa de licenciatura geral

O programa de preparação da construção é transferido para a fase de construção como um programa-quadro. Pode ser adaptado e modificado de acordo com a evolução das necessidades. Os programas devem ser numerados consecutivamente à medida que são preparados, tal como os desenhos de substituição. Devem ser conservados cuidadosamente para que se possam resolver divergências sobre pagamentos, responsabilidade por atrasos, etc. Podem ser alterados até ao final do projeto.

Programa de palco

Trata-se de um programa relativo a uma única fase ou a uma parte do âmbito global da obra. A duração de cada programa depende das necessidades específicas da obra. Por exemplo, num edifício com uma estrutura de betão e painéis de revestimento, um piso da estrutura pode ser montado em cinco semanas. Nessas situações, um programa faseado de cinco semanas pode ser adequado para a montagem da estrutura, enquanto os restantes trabalhos são realizados com durações de programa correspondentes aos períodos de certificação intermédios.

Para a construção de um grande complexo residencial, é aconselhável preparar o planeamento detalhado (programa de fases) com quatro semanas de antecedência, ou seja, após uma semana. É mais comum e ótimo que a duração do programa coincida com os relatórios intercalares.

É de notar que o planeamento e a programação da mão de obra, dos subcontratantes, dos materiais e do equipamento para o programa seguinte devem começar após a conclusão de um programa.

Preparação para o programa de mestrado (geral)

O gestor do contrato e o gestor do projeto são conjuntamente responsáveis pelo desenvolvimento do programa global. O gestor do contrato encara este trabalho como parte do trabalho global da empresa e procura maximizar a utilização dos recursos da empresa e a satisfação do cliente.

Produção de construção e gestão de projectos

Depois de o diretor da obra ter elaborado uma previsão de produção para um período de quatro a oito semanas, pode encarregar o projetista de elaborar o programa para a fase seguinte. Para este efeito, o planeador visita o estaleiro dois ou três dias por mês. Num estaleiro de grandes dimensões, é necessário um técnico de planeamento permanente.

Quadro principal do programa de etapas

Os programas devem ser elaborados para meios dias e as descrições de trabalho para actividades individuais. O programa é uma ajuda valiosa para os gestores do estaleiro quando planeiam a utilização do espaço, as existências de materiais e os horários de trabalho. O principal objetivo do programa é dar ao encarregado geral e aos encarregados das profissões (incluindo os encarregados dos subcontratados) um ponto de referência imediato que lhes indique onde devem trabalhar, quando devem terminar, que outras profissões dependem da sua conclusão atempada e que trabalho irão continuar quando as tarefas actuais estiverem concluídas. Finalmente, ajuda a avaliar o progresso do trabalho.

Programas semanais

Uma vez por semana, o chefe de projeto ou o encarregado geral reúne-se com os encarregados e os subempreiteiros para planear o trabalho da semana seguinte. Nesta reunião, o programa faseado detalhado é transformado num calendário. Esta reunião pode ter lugar numa quinta-feira à tarde ou numa sexta-feira de manhã, quando a produção da semana em curso pode ser estimada com precisão. Nesta reunião, cada encarregado é envolvido no processo de planeamento, o que promove a motivação e o empenho. O trabalho planeado pode ser apresentado sob a forma de um diagrama de Gantt que mostra os horários de trabalho individuais das equipas. Quando se utiliza betão pronto, os programas diários para o betão podem ser facilmente criados. No entanto, os programas de trabalho diários também podem ser criados com base num plano semanal.

Desenho e correção

É provável que a primeira tentativa de elaboração de um programa seja satisfatória. A necessidade típica de personalização é a seguinte:

1. O programa pode "ultrapassar" o termo do contrato.
2. Recursos importantes, como uma grua de torre ou grupos de trabalhadores, podem ser mostrados em ação antes de aparecerem no local de construção.
3. O progresso do trabalho pode ser mostrado em diferentes alturas do ano.

Horários que podem ser obtidos através do programa

1. Informações de que o designer gráfico necessita.
2. O horário da fábrica.
3. Horas de trabalho (emprego direto).
4. Calendário para os subcontratantes.
5. Calendário para os materiais.
6. Calendário de funcionamento dos dispositivos e sistemas.
7. Calendário de montagem dos andaimes.
8. Calendário para a colocação.

Caraterísticas de um bom programa de mestrado

1. Deve ter uma situação financeira sólida.
2. Deve assegurar a continuidade dos trabalhos do grupo profissional após a sua chegada ao local.
3. Se o sítio Web estiver encerrado durante os feriados, essa hora deve ser indicada. Os marcos importantes devem ser assinalados com um símbolo, por exemplo

I Todas as obras, incluindo a impermeabilização, estão concluídas e a casa está construída.

No edifício estanque Ii "X", as operações são numeradas consecutivamente e enumeradas no lado esquerdo do formulário do programa especial. Se o programa contiver mais de vinte operações, cada linha da operação deve ser numerada no lado direito para minimizar o risco de erros de leitura.
Iii O programa global destacará as actividades principais e não as de menor importância.
Iv Os processos ou ciclos mais importantes devem ser facilmente identificáveis. Devem ser avaliados o "avanço" e o "desfasamento" entre as operações anteriores e posteriores.
V O programa deve conter datas de calendário e semanas ou meses acordados contratualmente. Se o período contratual for inferior a 18 meses, a unidade de tempo mais comum é a semana.
No entanto, se a duração do contrato for superior a 18 meses, o mês é a unidade de tempo mais adequada. Se for possível concluir o contrato num prazo mais curto do que o especificado no anexo do contrato, o diretor da obra obtém a autorização do cliente através do arquiteto. A poupança nas despesas gerais de construção é o segundo fator de lucro. Se um programa prevê a construção de três edifícios com a mesma conceção no mesmo local, é preferível construir cada edifício separadamente, começando pelas fundações e construindo o telhado do primeiro edifício antes de prosseguir com o segundo e terceiro edifícios, a fim de otimizar a utilização da mão de obra.

Como criar um diagrama de Gantt

Seguem-se as técnicas de planeamento utilizadas na criação de um diagrama de Gantt para grandes programas ou programas semanais:

1. Desenhos de construção relevantes.
2. Instruções de procedimento para processos simples e complexos.
3. Representação gráfica das quantidades de materiais a granel em forma operacional.
4. O desempenho esperado é estimado ou baseado em dados históricos.
5. Notificação de eventuais condicionalismos de tempo, por exemplo, quando a mão de obra, os recursos ou os materiais essenciais estiverem disponíveis.

A informação está disponível

Quando é que o sistema será entregue ao contratante e quando é que o contratante entregará o trabalho acabado ao cliente - por exemplo, no prazo de 18 meses.

Relatório do avaliador sobre o inquérito no local

1. Descrição da localização.
2. Estradas.
3. Serviços.
4. Eliminação de resíduos.

5. Armazenamento.
6. Encerramento temporário de Dayspring Lane.

Instrução processual

Trata-se de uma declaração do tipo de método de construção que será utilizado para cada operação no sítio, ou seja, como o sítio será construído e que equipamento será utilizado. Tem em conta se é necessário o método mais barato ou mais rápido. Exemplos de trabalhos são:

1. Escavação.
2. Enchimento gratuito.
3. Quarto.
4. Betão.
5. Tratamento da caleira.
6. Processamento das secções da câmara de ensaio.
7. Enchimento.
8. Conspurcação.
9. Águas subterrâneas.
10. Corte de madeira para a trincheira.

Capítulo 16 Aprendizagem em contexto de trabalho

É uma tentativa de encontrar formas de melhorar o trabalho quotidiano, ou seja, um estudo cuidadoso do tempo gasto no trabalho. Qualquer mudança que melhore ou aumente a eficiência é um estudo do trabalho. O primeiro a trabalhar neste domínio foi Fredrick Winslow Taylor (1856-1915), um torneiro americano. Defendia a ideia de trabalhar muito mais do que apenas um dia por um salário razoável. Taylor utilizou análises pormenorizadas de trabalhos para determinar um tempo padrão para um trabalho.

Henry Lawrence Gantt (1861-1915), um colaborador próximo de Taylor, desenvolveu um sistema de remuneração do qual até o trabalhador mais lento podia beneficiar. Os chamados diagramas de Gantt, que ainda hoje são utilizados na indústria, representam o planeamento graficamente sob a forma de tempo.

Frank (1869-1924) e Lillian Gilbreth investigaram as técnicas de assentamento de tijolos. Analisaram e registaram os numerosos métodos de assentamento utilizados pelos pedreiros e reduziram o número de movimentos de 20 para 5, o que permitiu a estes pedreiros, depois de receberem formação, aumentar a sua produção de 175 para 350 tijolos por hora. Frank criou um andaime que podia ser constantemente ajustado, de modo a que o material e a parede a construir estivessem sempre à altura mais eficiente e se evitassem dobras e estiramentos desnecessários.

Objectivos do estudo de trabalho

1 Aumento da produtividade
2 Reduzir os custos
3 Aumentar os lucros
4 Para tornar a tarefa justa e simples
5 Garantir a segurança do pessoal
6 Definição de normas e revisão das estimativas com base nos custos reais
7 Definir um objetivo de aprendizagem
8 Reduzir as perdas
9 Para evitar atrasos
10Criar uma organização mais eficiente

Método Procedimento de investigação

1 Escolher uma profissão ou atividade para aprender
2 Registar o método existente ou proposto para a execução do trabalho; e Registo de dados utilizando um dos seguintes métodos:

(1) Diagrama de cordas (II) Diagrama de processos (III) Diagrama de fluxo (IV) Diagrama de múltiplos actos.

1 Analisar criticamente os dados recolhidos utilizando a técnica de interrogação para evitar acções e atrasos desnecessários, por exemplo :

(1) O quê (II) Onde (III) Quando (IV) Quem (V) Como (a) Objetivo (b) Lugar (c) Ordem (d) Pessoa (e) Meios

2. Com base nos resultados, desenvolver o método mais económico e eficiente que melhor se adapte à situação.
3. Determinar o que precisa de ser feito
4. Ponha em prática o novo método e certifique-se de que todos conhecem o seu novo papel.
5. Certifique-se de que o sistema não regressa aos métodos antigos. O resultado é uma maior produtividade.

Técnicas de investigação de métodos

I. **Modelo à escala real**:

Isto pode ser utilizado, por exemplo, para posicionar a cabana numa planta de grande formato.

II. **Diagrama de cordas**;

Através de um diagrama à escala num quadro adequado e utilizando uma sovela e uma bobine de algodão ou material semelhante, é possível registar o movimento numa determinada área durante um determinado período de tempo e, no final da operação, mostrar o comprimento do percurso da planta, do material ou do trabalhador, desenrolando o fio e medindo à escala. Os cruzamentos de trajectórias e os pontos de estrangulamento são igualmente visualizados. No entanto, também é possível criar várias trajectórias com fios de cores diferentes.

III Mapa tecnológico:

Trata-se de um método de registo de informação que utiliza cinco símbolos fáceis de compreender. Estes símbolos representam as acções de um processo ou método de trabalho e mostram simplesmente um passo visual num método de trabalho existente ou proposto - por exemplo: 1Diagramas gerais de processos. Este tipo de diagrama pode ser utilizado para registar as linhas gerais de um procedimento. É útil para visualizar o conjunto de materiais ou processos que constituem um todo.

(I) . **Diagramas de processo**

Os diagramas podem ser utilizados para desenvolver e alargar um problema com outros símbolos, como por exemplo: Transporte, atrasos e armazenamento. Os diagramas podem ser utilizados para registar o movimento de pessoas ou materiais.

(II) . **Fluxogramas**

Pode ser desenhado num plano à escala e utilizado como complemento de um mapa de processos, ou seja, para representar o percurso de materiais ou operadores através de uma linha que liga símbolos de processos.

(III) . **Diagrama com várias actividades**

Utilizado na construção como um método eficaz de registo de informações quando é necessário relacionar um objeto ou atividade com outro. Apresenta-se sob a forma de barras com uma linha de tempo, sendo suficiente utilizar um relógio de pulso normal para registar a hora.

(IV) . **Amostragem de actividades**

Este método permite que um observador que tenha pouco ou nenhum contacto regular e próximo com os trabalhadores ou com a instalação sob investigação aplique um método de investigação estatística no local. Exemplo: Se foram efectuadas 200 leituras durante um período de quatro dias e se determinou que o equipamento esteve parado 50 vezes, é fácil calcular que: 50 X 1 00 = 25% do tempo em que a fábrica está inativa, o que corresponde a 75% de 2001.

Medição do trabalho

É utilizado para determinar o tempo gasto numa tarefa específica e complementa a metodologia do inquérito. O objetivo é reduzir o tempo ineficiente e evitar a fadiga excessiva. Muitas medições de trabalho não podem ser efectuadas no local devido a numerosas variáveis, como as alterações das condições climáticas de trabalho.

Estudo de tempo

Esta é a forma mais eficiente de medição do trabalho utilizada no sector da construção. É realizada com um relógio de pulso ou cronómetro normal. Pode ser utilizada tanto para trabalhadores individuais como para equipas de trabalho. Os passos incluem: 1Medição do tempo: O tempo real necessário para completar o trabalho

2Classificação: Atribuir a um trabalhador um rácio em relação a uma média.

3Normalização: Reconhecer o tempo em que um elemento de trabalho deve ser completado.

Tempo de observação X Avaliação

observada Avaliação padrão

Exemplo: Se um elemento de trabalho demora 1,5 minutos e vale 100 pontos, o tempo de base seria o seguinte:

$$\frac{1.5X100}{100} = 1.5$$

Tempo de base = 1,5, que corresponde ao tempo de que o operador necessitaria a uma velocidade de trabalho normal, ou seja, em média.

Vantagens

1 Manual do processo:

Um subsídio por atraso processual ou inevitável é concedido para garantir que um trabalhador não sofra uma perda de rendimentos devido a um atraso forçado na limpeza de ferramentas ou equipamento.

2 Subsídios de descanso: São pagos para permitir que o trabalhador mantenha o seu desempenho físico e mental durante um determinado período de tempo e são conhecidos como "subsídios de fadiga".

São abordados os seguintes temas:

3 Base: pelo menos 9%.

4 Postura: 0-7%

5 Condição até 15 por cento

6 Carga de trabalho mental: até 8%

7 Trabalho manual até 20%

8 Monotonia 4%

Provisões para despesas imprevistas

É utilizada para várias tarefas que têm de ser executadas por um trabalhador que não está a realizar trabalho produtivo.
Exemplo: um carpinteiro a afiar uma serra e um cinzel. Estes subsídios não podem exceder 5 % e devem ser aplicados de forma adequada:

Hora da apresentação

Exemplo: Tempo de base: 1,5 minutos Subsídio de interação: 30 por cento Subsídio imprevisto: 2 *por cento* Tempo por defeito = tempo de base X 100 + total do subsídio percentual

100

1,5X132 = minuto padrão.
100

Utilização da medição de trabalho

Utilizado na preparação de estimativas de custos para concursos, uma vez que o tempo e os preços são agora cuidadosamente calculados em vez de estimados. Também é utilizado em estudos de tempo, no planeamento e em todas as formas de controlo para estabelecer normas.

Síntese

Utilizado quando é necessário tempo para concluir uma tarefa. A tarefa é dividida em elementos. Avaliação analítica semelhante à síntese, ou seja, cada pequeno elemento da tarefa é avaliado e não a tarefa completa. É utilizada para a reparação e manutenção. **A motivação** é uma espécie de incentivo para um melhor desempenho. No trabalho, pode vir de um superior para um subordinado.

O incentivo é um sistema de recompensa em que o nível de remuneração depende do desempenho alcançado e representa, assim, um incentivo para que o trabalhador tenha um melhor desempenho.

Benefícios do encorajamento:

7 Aumentar a produtividade e reduzir os custos.

8 Isto permite que os trabalhadores aumentem o seu rendimento através do aumento do trabalho.

Capítulo 17: Princípios aplicáveis aos acordos de produtividade entre trabalhadores e empregadores

Atingir níveis mais elevados de produtividade através de uma utilização mais eficiente da mão de obra e da criação de oportunidades para rendimentos mais elevados

Objectivos de incentivo no sector da construção

1 Melhoria da eficiência através da redução dos custos de construção.

2 Aumento da produção individual e colectiva.

3 Oferecer a oportunidade de aumentar os rendimentos.

Incentivos financeiros

Pode tratar-se do recebimento de juros de um banco ou de uma sociedade de crédito imobiliário;

Distribuição de lucros

Pode tratar-se de um pagamento em dinheiro no final do exercício financeiro, associado ao sucesso e ao lucro da empresa.

Desvantagem

O trabalhador preguiçoso beneficiará dos esforços do trabalhador esforçado, e o gestor esforçado e produtivo terá de arrastar consigo gestores de outras áreas que não são tão esforçados.

Taxa horária mais tarifa

É utilizado pelas empresas de construção civil para recrutar mão de obra altamente qualificada, que se encontra em falta. Também pode ser utilizado quando a qualidade da mão de obra é mais importante do que a quantidade.

Desvantagem

A entidade patronal não tem qualquer garantia de que as tarifas adicionais produzirão o necessário aumento da produção.

Regulamentação dos bónus

Amplamente utilizado na indústria porque, quando aplicado corretamente, relaciona as receitas com as despesas. Outros incentivos financeiros são:

i. Actividades comunitárias.

ii. Planos de reforma.

iii. Feriados adicionais.

iv. Fornecimento de refeições.

v. Formação académica.

Princípios fundamentais de regimes de incentivos bem sucedidos

1 Devem ser fáceis de compreender, para que o trabalhador possa entender o aumento do seu rendimento.

2 Produtividade e qualidade do trabalho com base num trabalhador médio a trabalhar em condições médias.

3 A percentagem de poupança obtida com a tarefa e paga aos operadores deve ser acordada antes do início dos trabalhos.

4 Os objectivos devem ser definidos por escrito.

5 Os objectivos só devem ser alterados para cima.

6 Os pagamentos devem ser efectuados regularmente, ou seja, uma vez por semana.

7 As perdas de uma semana não devem ser deduzidas dos ganhos de outra semana.

8 No entanto, a aplicação do regulamento não deve conduzir a uma redução das normas:

9 Segurança dos empregados de acordo com os códigos e regulamentos de construção.

10 Reduzir o desperdício de material à norma.

11 Manter as normas de qualidade exigidas - não devem ser efectuados pagamentos por trabalhos que não cumpram as normas.

12 Utilização eficiente das plantas para o fim a que se destinam.

13 Os alunos continuam a ser preparados a um nível satisfatório.

Incentivos não financeiros

Isto pode assumir a forma de boas condições de trabalho, por exemplo:

1 Condições de trabalho: Mobiliário normal de escritório ou de estaleiro, materiais de trabalho e aspeto geral do local de trabalho.

2 Promoção: É um incentivo para uma pessoa ambiciosa e, por conseguinte, uma oportunidade para chegar ao topo.

3 Segurança: Os trabalhadores precisam de um emprego permanente, especialmente se tiverem compromissos familiares.

4 Segurança: Os trabalhadores estão dispostos e confiantes para trabalhar quando se sentem seguros nas suas deslocações de e para o trabalho.

5 Trabalho de alta qualidade: Os funcionários sentem-se muito honrados por estarem a trabalhar num edifício de **importância nacional.**

Capítulo 18: O papel do cliente após um concurso bem sucedido

i. Vale a pena as diferenças nas notas.

ii. Prepara os cadernos de encargos das obras em conformidade com as S.M.M. aplicáveis.

iii. Verifica a exatidão das facturas emitidas para se certificar de que o empreiteiro não cometeu erros graves que possam causar complicações mais tarde.

iv. Informa o arquiteto de que deve ajustar a estimativa de custos.

Durante o período de vigência do contrato

I. Efectua estimativas de custos mensais, fixa os preços das ordens de alteração em colaboração com o empreiteiro, que está autorizado a aceitar o pagamento do cliente a intervalos regulares através de certificados provisórios do arquiteto.

O certificado é emitido com base na conclusão satisfatória dos trabalhos e na disponibilidade dos materiais necessários no local.

II. Mantém o arquiteto informado sobre os custos actuais do projeto.

Conclusão do projeto

I . Com a ajuda dos recibos de construção e de outros documentos, elabora as contas finais.

II Acompanhar o arquiteto na negociação dos custos contratuais suplementares com o cliente.

Responsabilidades de um engenheiro civil

i. Projetar a estabilidade estrutural do edifício com base em cálculos ou outros dados relevantes.

ii. Durante o trabalho, ele está pronto para ajudar, alterar ou repetir o trabalho, se necessário.

Deveres dos trabalhadores da construção - início dos trabalhos

Após a receção das propostas e do convite à apresentação de propostas, o dono da obra deve: i. Decidir se os seus recursos, o seu pessoal, a sua gestão e a sua máquina administrativa são capazes de realizar o projeto de forma adequada, caso lhe seja adjudicado o contrato; concluí-lo de acordo com os desejos do arquiteto, tal como indicado no caderno de encargos e nos desenhos.

iii. O promotor deve efetuar um estudo completo do local para identificar quaisquer problemas imprevistos e evitar atrasos e custos adicionais antes de a proposta ser finalizada.

iv. . O montante final da proposta, resultante da lista de quantidades, dos desenhos, da inspeção do local e das propostas dos fornecedores e subcontratantes, será transmitido ao arquiteto para decisão de aceitação ou rejeição, em conformidade com os outros preços da proposta apresentados.

v. . Se a proposta for aceite, o arquiteto Q.S. solicitará uma cópia das facturas com os preços, a fim de se certificar de que não foram cometidas omissões ou erros graves na elaboração dos documentos da proposta.

vi. O cliente tem a oportunidade de corrigir o erro se este for detectado.

vii. Se o arquiteto e o cliente concordarem com o preço, é marcada uma reunião entre todas as partes envolvidas para discutir os termos e condições do contrato e para assinar o contrato depois de todas as alterações, discrepâncias e questões menores terem sido resolvidas.

Durante o período de vigência do contrato

I. A fase de planeamento que antecede o início da construção permite ao promotor imobiliário utilizar os seus recursos e planear o seu trabalho e o dos seus subcontratantes durante a vigência do contrato.

II. Uma reunião de todas as partes interessadas, incluindo o arquiteto e os subcontratantes, convocada após a conclusão do programa global para discutir e aprovar o programa.

III. O cliente controla agora a mão de obra, os subcontratantes e os materiais para a construção do projeto. Assegura-se de que o programa e os custos são cumpridos e respeita a legislação relativa à construção de edifícios, incluindo a saúde e a segurança dos trabalhadores.

IV. O controlo do estaleiro é da responsabilidade do diretor da obra ou do empreiteiro, que deve estabelecer uma ligação com o diretor da obra para garantir que ambas as partes trabalham em harmonia e que todas as fases do projeto são devidamente coordenadas.

Após a conclusão do projeto

i. A Q.S. deve obter as informações necessárias para preparar a fatura final e calcular os pagamentos adicionais ao abrigo do contrato.

ii. O Empreiteiro é obrigado a cumprir as suas obrigações para respeitar a cláusula de responsabilidade por defeitos e os trabalhos de manutenção acordados no início do projeto.

Problemas de transporte de materiais em estaleiros de construção

É da responsabilidade do supervisor controlar a colocação, a utilização e o desperdício de materiais no local. Algumas empresas adoptam uma abordagem visual, colocando vários artigos, como tijolos, betonilha, feltro para telhados, pedaços de madeira, numa grande placa no local, indicando que cada artigo custa dinheiro. O desperdício pode ser evitado se for corretamente armazenado, controlado, distribuído e utilizado. Se forem desperdiçadas grandes quantidades de material, o custo pode ser elevado. Quando os materiais se partem durante o manuseamento, se perdem devido a um armazenamento deficiente ou ficam presos debaixo de camiões atolados, todos estes factores representam uma grande percentagem do custo total e resultam em desperdício de dinheiro.

Estratégias para reduzir os resíduos

I. Planeamento cuidadoso do escalonamento das entregas entre o local e o fornecedor.

II. Assegurar que os materiais fornecidos satisfazem os requisitos da encomenda.

III. Distribuir a quantidade certa de materiais aos empregados com uma percentagem adequada de desperdício.

IV. Os trabalhadores devem evitar o corte excessivo de materiais.

V. Marque os locais exactos de armazenamento no plano do local.

VI. Evitar o pós-tratamento múltiplo dos materiais após a entrega.

VII. Não permitir que os materiais se estraguem após o armazenamento.

VIII. Os resíduos de hoje podem ser reutilizados amanhã se forem recolhidos e armazenados.

Controlo de materiais

i. Planear a entrega de materiais no estaleiro de construção, uma vez que devem ser elaborados calendários para reconhecer rapidamente quando e por quem são necessárias as entregas.

ii. Em caso de estrangulamento ou de atraso na entrega de materiais, devem ser imediatamente procurados materiais ou fornecedores alternativos.

iii. Os materiais devem ser controlados para evitar a utilização indevida, o roubo, a deterioração e a aplicação incorrecta.

iv. Armazenamento suave e sem mãos extra.

v. Qualidade normalizada dos materiais que correspondem às amostras ou especificações.

Direitos e obrigações das partes contratantes Execução dos contratos: Um contrato pode ser executado se:

a. O acordo diz respeito ao comportamento futuro de uma ou mais partes contratantes.

b. As partes contratantes pretendem que o seu acordo seja executório como um contrato em Caw.

c. É possível cumprir um contrato sem violar a lei.

Validade do contrato

Existe uma obrigação legal de cumprir uma obrigação contratual se o contrato for válido.

Para que um contrato seja válido, devem estar reunidas as seguintes condições

1 Tem de haver uma oferta de uma pessoa (o oferente) e a aceitação dessa oferta por outra pessoa (o destinatário) a quem a oferta foi feita.

2 A oferta deve ser inequívoca e ter a intenção de celebrar um contrato vinculativo.

3 A aceitação de uma oferta deve ser absoluta, expressa por palavras ou comportamentos e aceite da forma prescrita ou indicada pela pessoa que faz a oferta.

4 A oferta pode cessar devido ao termo do prazo, à anulação pelo visado ou à recusa pelo oferente; a aceitação só pode ter lugar quando a oferta é renovada.

Tipos de seguro no âmbito de um contrato de construção

i. Seguro de vida.
ii. Seguro contra incêndios.
iii. Seguro de acidentes.
iv. Seguro automóvel.
v. Seguro contra acidentes de trabalho.
vi. Diferentes tipos de seguros.

Risco
É a probabilidade de perda ou dano, geralmente associada a empresas e bens.

Tipos de riscos

I. **Risco especulativo**: O risco especulativo existe quando há uma probabilidade de perdas ou ganhos, por exemplo, quando se negoceiam acções e unidades de participação. Este risco pode ser eliminado ou minimizado através da combinação de acções de elevado risco e elevado rendimento com acções de baixo risco e baixo rendimento.

II. **Risco puro**: existe numa situação em que apenas é possível a perda ou o dano sem qualquer benefício, por exemplo, incêndio, acidente de viação ou industrial, catástrofes naturais (os seguros contra inundações e secas cobrem este tipo de riscos), ou seja, riscos puros. Ao subscrever um seguro, as empresas e os particulares transferem para a companhia de seguros o ónus das perdas que podem resultar de riscos puros, em troca de um prémio.

Se o risco se concretizar, a seguradora compromete-se a indemnizar o segurado pelos prejuízos financeiros sofridos, repondo o estado anterior do segurado. O seguro é uma indemnização concedida pela seguradora ao tomador do seguro (o segurado).

A medida em que a seguradora indemniza o tomador do seguro pelos danos depende em grande medida do montante segurado. O tomador do seguro só pode apresentar um pedido de indemnização ao abrigo da apólice se o montante dos danos exceder um montante seguro pré-determinado.
Isto significa que se o segurado sofrer um prejuízo de 1 000 rublos, por exemplo, a sua seguradora cobrirá os primeiros 200 rublos e pagar-lhe-á os restantes 800 rublos.
No caso dos seguros, é celebrado um contrato entre a seguradora e o tomador do seguro.

Subscrição

O processo de avaliação do risco, de fixação das condições da apólice (incluindo o prémio) e de gestão da apólice - a pessoa que o faz chama-se **COMPROVANTE**.

Condições da obrigação legal

i. O seguro tem de ter um risco.
ii. A propriedade tem de ter um valor.
iii. Não há possibilidade de obter lucros.
iv. Os prémios devem ser pagos.
v. O segurado não pode atuar como segurador da pessoa ou pessoas com quem está segurado.

Risco de seguro

i. Eventuais danos puramente acidentais, como um **acidente de avião.**
ii. A natureza do dano deve ser previamente determinada e medida. Por exemplo, perda de membros, morte ou destruição de bens.
iii. As perdas não têm necessariamente de ser de natureza catastrófica. Por exemplo, uma perda maciça de vidas ou a perda de bens em resultado de uma guerra.
iv. Os riscos segurados devem ser numerosos.

Fé fervorosa

A seguradora não dispõe de meios fiáveis para verificar a idade ou o estado de saúde do segurado, pelo que o contrato entre as duas partes se baseia na confiança mútua. Por conseguinte, a lei prevê que todas as partes contratantes actuem de boa fé. Tanto a seguradora como o tomador do seguro devem fornecer todas as informações necessárias.
Os contratos de seguro são designados por **Ubarrimae fidei** (de tão conscienciosamente quanto possível).

Linhas de seguros

A Lei dos Seguros de 1976, a lei que regula o negócio dos seguros na Nigéria, divide o negócio dos seguros em duas secções;

Vida e b) Não vida

Desagregação adicional dos ramos não vida

i. Seguro contra incêndios.

ii. Seguro de acidentes.

iii. atividade de seguro automóvel.

iv. Seguro contra acidentes de trabalho.

v. Seguros marítimos, aéreos e de transporte.

Vi Vários seguros

Apólices de seguro de vida

Tem dois objectivos;

i. Meios para poupar dinheiro.

ii. Uma fonte de apoio financeiro aos familiares em caso de morte do tomador do seguro. Se

Se o tomador do seguro falecer antes do termo do contrato, os seus dependentes recebem o montante devido ao abrigo do contrato. Este facto é benéfico para a família do segurado e oferece aos cidadãos uma forma alternativa de poupança. O contrato pode ser celebrado com ou sem participação nos lucros.

Com lucro - os tomadores de seguros participam na distribuição do lucro líquido da seguradora. Com o certificado de bónus, os montantes de bónus acumulados são pagos ao mesmo tempo que o montante especificado.

Sem lucro - não é pago **qualquer** rendimento, mas um prémio favorável para o mesmo montante segurado.

Seguro contra incêndios

Proteção financeira do tomador do seguro em caso de perda ou dano do bem segurado devido a incêndio, por exemplo, causado por um raio ou explosão acidental, tempestade, motim ou terramoto.

O incêndio numa fábrica, o volume de negócios e o lucro líquido da fábrica, as máquinas de escritório são descritos como perdas consequentes.

Seguro de fidelidade

Faz parte do seguro de acidentes e destina-se a indemnizar as organizações comerciais por perdas causadas pela utilização indevida de fundos e recursos pelos seus empregados. É adequado para casos em que o desvio e a apropriação indevida de fundos são comuns.

Seguro de crédito

Foram desenvolvidos para proteger os vendedores de bens e serviços do risco de não pagamento e podem ser muito úteis para as empresas.

Seguro automóvel

Não pode ser subscrito voluntariamente. Os utilizadores de veículos automóveis são obrigados a segurar os seus bens em conformidade com a lei relativa aos veículos automóveis (seguro de responsabilidade civil, 1945).

Destina-se a indemnizar a seguradora ou um terceiro que tenha sofrido danos na sequência de um acidente provocado pelo veículo segurado.

Dois tipos de seguro automóvel

I. **Seguro contra todos os riscos:** cobre normalmente as perdas e danos (incluindo morte, ferimentos pessoais, danos materiais e despesas médicas razoáveis) resultantes de acidentes que envolvam o veículo segurado.

II. **Seguro de responsabilidade civil:** responsabilidade jurídica do tomador do seguro se o segurado sofrer danos ou ficar ferido na sequência de um acidente em que o veículo segurado esteja envolvido. O prémio do seguro de responsabilidade civil é muito baixo em comparação com o seguro global.

Para calcular os riscos e os prémios dos veículos segurados, as seguradoras dividem-nos em diferentes categorias:
i. Veículos a motor particulares. ii. Veículos comerciais. iii. Motociclos. iv. Veículos diversos.

Seguro de acidentes de trabalho

As entidades patronais são obrigadas a indemnizar os seus trabalhadores por danos sofridos no trabalho. As empresas sujeitas a estas obrigações subscrevem apólices de seguro, transferindo assim o ónus da indemnização para a seguradora. Os prémios de seguro baseiam-se no grau de segurança e na natureza perigosa do ambiente de trabalho. Quanto mais elevado for o risco de lesões, mais elevado será o prémio de seguro. Quanto maior for o equipamento de segurança disponível e quanto melhores forem as precauções de segurança, mais baixos serão os prémios.

Seguros marítimos, aéreos e de transporte

1977 O direito dos seguros, os seguros marítimos, aéreos e de trânsito incluem a assumpção das obrigações da seguradora ao abrigo das apólices de seguro. O seguro de transporte é importante para os países da África Ocidental, porque o volume de importações de produtos acabados (bens de equipamento e bens de consumo) e o volume de exportações estão segurados contra danos ou perdas durante o transporte aéreo, marítimo ou terrestre. Para além disso, os veículos - navios, aviões - também estão segurados contra danos ou perdas.

Tipos de políticas

A política das viagens

Destinam-se a um voo ou viagem específicos e cobrem normalmente o percurso entre o armazém de origem e o armazém de destino.

Política de escala móvel

Cobre vários transportes dentro de um montante seguro elevado. O montante seguro é reduzido, para cada transporte, do valor desses transportes.

Política de riscos no sector da construção

Proporciona ao construtor naval um seguro durante a construção e os ensaios do navio.

O papel dos peritos em seguros

i. Garantir a segurança financeira da empresa através do reembolso dos prejuízos em caso de perdas ou danos.

ii. Intermediação financeira - As companhias de seguros mobilizam poupanças substanciais a partir dos prémios que lhes são devidos e emprestam-nas a empresas que necessitam de fundos a curto, médio ou longo prazo.

iii. Proporcionar empregos penosos às pessoas no seu ambiente empresarial imediato.

iv. Servem de garantia para empréstimos de bancos e outras instituições financeiras.

v. Preservação de divisas.

Os desafios do seguro de crescimento

i. Falta de conhecimento dos serviços da companhia de seguros.

ii. Excesso de prudência por parte das companhias de seguros estrangeiras, o que conduz a um exagero dos riscos e dos custos.

iii. A prática do sistema de família alargada, em que outros membros da família são igualmente abrangidos, reduz o grau de paternalismo da companhia de seguros.

iv. O baixo nível de rendimentos na economia desencoraja as pessoas de recorrerem aos serviços das companhias de seguros.

v. A elevada proporção de pessoas analfabetas dificulta o desenvolvimento do sector dos seguros.

vi. A atitude das companhias de seguros nacionais em relação aos seus clientes. Impressão negativa.

As organizações de seguros dão um contributo valioso para o desenvolvimento do país.

Porque é que os gestores ignoram o planeamento

i. Experiência anterior: O Empreiteiro pode basear-se na sua experiência anterior em trabalhos semelhantes. Acesso a registos e informações sobre projectos semelhantes que podem ser ignorados.

ii. Pode confiar na sua experiência e conhecimentos.

iii. Excesso de confiança.

Os planeadores baseiam-se em informações históricas e registos de projectos anteriores (que são armazenados no centro) para determinar a hora, o início e o fim do trabalho.

Esta informação é comunicada e apresentada no programa de mestrado sob a forma de;

I. Histograma ou gráfico de Gantt.

II. Rede Arrow.
III. Linha de equilíbrio.

Caraterísticas

i. Com base em objectivos claramente definidos.
ii. Simplicidade de compreensão.
iii. Flexibilidade para se adaptar a opções alternativas.
iv. Fornece uma norma para um controlo eficaz.
v. Assegura um equilíbrio adequado do trabalho para que o trabalho anulado não regresse.
vi. Maximizar a utilização de todos os recursos.

O papel do contratante principal

i. Subcontratantes internos: O contratante principal executa uma parte do trabalho para a qual não dispõe dos recursos ou das competências necessárias na sua própria organização. O contratante principal garante que o subcontratante executa satisfatoriamente a parte do contrato que lhe foi atribuída. Por exemplo, os empreiteiros eléctricos e mecânicos.

ii. **Subempreiteiro designado**: geralmente nomeado pelo arquiteto/construtor antes ou depois da seleção do empreiteiro principal. Os subcontratantes, selecionados antes do empreiteiro principal, devem conceber e fornecer os elementos necessários à conceção ou ao funcionamento do edifício. O empreiteiro principal é responsável pela boa execução dos trabalhos dos subempreiteiros contratados.

Papéis e relações

i. Corretor: Pessoa que se compromete a vender bens ou produtos em nome do proprietário mediante uma comissão. Por outras palavras, um intermediário entre o proprietário e o comprador.
ii. Peritos de sinistros: pessoas que avaliam e determinam o montante do prejuízo. São especialistas numa área designada **por subscrição.**
iii. Peritos de seguros: São agentes de vendas que fazem a mediação entre o horário e a companhia de seguros.

Como o papel do cliente determina a escolha das relações contratuais

O cliente pode imaginar quantos quartos, casas de banho e sanitários gostaria de ver no edifício proposto, mas não sabe como será concebido e quanto custará. Não sabe nada sobre a estabilidade estrutural do edifício ou sobre a forma como será construído. É o financiador do projeto e quer que o projeto cumpra os seus requisitos e seja económico. Por conseguinte, a decisão final sobre o tipo de acordo contratual baseado nas recomendações profissionais do arquiteto, do orçamentista e do engenheiro de estruturas continua a ser dele.

Concurso público

Um concurso para obras ou materiais de construção é publicado na imprensa nacional ou especializada e a proposta mais favorável é selecionada.

É necessário um depósito para garantir que ninguém envia os dados apenas para os ver.

Desvantagens

1 Perde-se muito tempo a colocar anúncios na imprensa, a fazer desenhos e facturas, a enviar documentos e a receber a mesma quantidade de documentos de volta para triagem e verificação.

2 No caso da proposta mais baixa, pode não haver recursos, mão de obra ou gestão suficientes para levar o projeto a uma conclusão satisfatória.

3 Mau acabamento e utilização de materiais inferiores para combater os produtos baratos

O que é necessário para a reafectação de fundos para um projeto de construção?

Os desvios que resultem em perdas ou custos que não se devam a subcontratação ou ineficiência por parte do contratante podem ser objeto de um pedido de indemnização ou de reembolso dos custos.

1 O arquiteto altera alguns elementos importantes do desenho

2 Alteração do tipo, qualidade e quantidade de materiais utilizados

3 Alteração dos métodos de construção

4 Utilização de certas instalações, equipamentos e mão de obra

Estas reclamações devem ser apresentadas por escrito num prazo razoável após a ocorrência. Se as reclamações forem válidas, o arquiteto ou o avaliador determinará o âmbito dos trabalhos e, se as alterações tiverem provocado atrasos, poderá ser concedida uma prorrogação do prazo. A direção do Empreiteiro manterá registos adequados e tomará outras medidas necessárias para verificar as reclamações de perturbações e atrasos.

O papel do cliente - um começo

I. Analisar e coligir todas as informações disponíveis para dar ao projetista uma ideia tão clara e completa quanto possível das suas necessidades, com especial referência (i) ao espaço disponível, (b) à localização, (c) à utilização do novo edifício, (d) ao custo e (e) aos condicionalismos de tempo.

II. Deverá considerar as suas obrigações legais em relação a terrenos, propriedades de propriedade plena ou arrendada e poderá necessitar dos serviços de um advogado nesta fase.

III. Disponibilização regular de fundos para pagamentos ao contratante.

IV. Encomende a um designer, geralmente um arquiteto, a realização dos seus desejos.

V. Informe os arquitectos de todos os factos de que tem conhecimento.

VI. Depois de ter obtido as recomendações do arquiteto sobre o tipo, a dimensão e o custo do edifício, deve ponderar se quer avançar com o projeto.

VII. Se o projeto for realizado, assinar o contrato assim que o preço da oferta for acordado.

VIII. O promotor imobiliário organiza o seguro solicitado pelo cliente.

Durante o período de vigência do contrato

i. Efetuar todos os pagamentos exigidos pelo Contrato dentro dos prazos adequados, utilizando os certificados fornecidos pelo Empreiteiro.

Conclusão

i. Efetuar os pagamentos necessários para os penúltimos certificados, requisitos contratuais adicionais e taxas.

ii. Pagamento do dinheiro no certificado final.

Contratos actuais e a termo certo

Pode ser classificado como um contrato negociado. O contratante é convidado a apresentar uma proposta para um projeto específico e, se for bem sucedido, é convidado a negociar uma série de projectos do mesmo tipo.

Podem ser elaborados mapas de quantidades e estimativas de custos exactos, porque se o contrato for adjudicado ao empreiteiro, a continuação dos trabalhos está assegurada, o que é muito importante e raro para os empreiteiros.

Na esperança de ser bem sucedido, minimizará frequentemente os custos, o que conduzirá a um processo de seleção muito competitivo. O empreiteiro pode reduzir os seus custos porque sabe que a sua equipa se tornará mais eficiente à medida que o projeto avança, aumentando a produtividade. Além disso, a sua organização está habituada ao trabalho, uma vez que este é repetitivo, e qualquer novo equipamento adquirido no âmbito do projeto tem a garantia de uma vida longa.

Como proteção para o cliente, é incluída uma cláusula no contrato que estabelece que os contratos subsequentes serão cancelados se o trabalho não estiver de acordo com as normas.

Vantagens do seguro para projectos de construção

i. Fontes de apoio financeiro às famílias das pessoas feridas ou mortas em consequência da morte ou lesão grave de um trabalhador.

ii. Proporciona proteção financeira para o calendário em caso de incêndio nas instalações.

iii. O promotor imobiliário é indemnizado se sofrer perdas devido à apropriação indevida de fundos e recursos pelos seus empregados - seguro de fidelidade.

iv. Os fornecedores de materiais estão protegidos por um seguro de crédito contra a entrega de bens no estaleiro ou a prestação de serviços por subcontratantes.

v. Proporciona aos trabalhadores da construção civil um seguro para os seus veículos e cobre os custos dos cuidados médicos dos trabalhadores em caso de acidente Seguro automóvel.

Procedimento de contratação A entidade patronal publica na imprensa diária resumos e informações importantes sobre os trabalhos previstos e convida os empreiteiros interessados a solicitarem os respectivos cadernos de encargos. A fim de reduzir ao mínimo o número de pedidos, é cobrada uma taxa não reembolsável, que deve ser apresentada juntamente com outras informações, como os documentos fiscais dos últimos três anos.

O cliente não é obrigado a aceitar o preço mais baixo ou uma proposta (esta cláusula é normalmente incluída nos documentos do contrato). O anúncio de concurso é um convite à apresentação de uma proposta por parte do cliente, o documento preenchido constitui a proposta do contratante e o contrato só é celebrado se o cliente aceitar a proposta do contratante.

O orçamentista do empreiteiro visita o local de construção depois de receber a lista de quantidades para comparar os dados da lista de quantidades com a situação no local de construção e determinar o preço correto. Com base no mapa de quantidades, o empreiteiro prepara a estimativa de custos e envia-a ao cliente. Após a seleção final pelo cliente, com base na recomendação do arquiteto e do orçamentista, o empreiteiro selecionado é convidado para uma reunião em que participam o orçamentista, o arquiteto e o cliente. O dono da obra e o empreiteiro assinam um contrato. O período que decorre entre a assinatura do contrato e o início dos trabalhos no local é designado por período pré-contratual. Durante este período, o departamento de planeamento do empreiteiro planeia a mobilização dos recursos humanos e materiais do empreiteiro para serem utilizados no local de construção.

i. Sítio Web de desembolso.
ii. Utilização de subcontratantes para trabalhos especializados e contratação de fornecedores para a entrega de materiais.
iii. Controlo da construção pelos arquitectos e execução efectiva pelo promotor imobiliário.
iv. Receção de pagamentos por conta de áreas de trabalho concluídas.
v. Escrita de reivindicações de variação.
vi. Realização prática de projectos.
vii. Conclusão final.

Procedimentos do empreiteiro Manter registos precisos O arquiteto, ao visitar regularmente o local da obra para acompanhar os progressos, dá ao empreiteiro instruções verbais que este deve pôr por escrito para serem seguidas.

Cada instrução deve ser corretamente executada pelo contratante na sede da empresa.

i. Alterações: Os trabalhos de alteração, substituição de materiais, redução da dimensão e da forma da obra, que não sejam da responsabilidade do empreiteiro, serão estimados pelo orçamentista quando reclamados pelo empreiteiro e apresentados ao arquiteto que, por sua vez, elaborará um pedido de pagamento ao cliente.

ii. Cartas: As cartas do arquiteto e de outras pessoas que se desloquem ao local da obra devem ser devidamente reconhecidas na sede, para que possam ser tratadas em conformidade.

iii. Diários do local: O gestor do local mantém registos diários dos acontecimentos e actividades no local. Registos de visitas ao local, bens e materiais entregues e outros eventos e actividades.

iv. Reuniões no local de construção: São realizadas reuniões regulares no local de construção entre o orçamentista, o arquiteto, o engenheiro civil, o empreiteiro, o subempreiteiro, o subempreiteiro designado e o dono da obra. O diretor de obra, que é o representante do arquiteto no local, desempenha as funções de secretário.

Relações entre os membros da equipa de construção, incluindo o gestor do projeto

i. O arquiteto concebe as estruturas dos edifícios de acordo com as recomendações do engenheiro de estruturas para melhorar a resistência do edifício, enquanto o agrimensor faz recomendações sobre o custo do projeto proposto.

ii. Engenheiro de estruturas: confere resistência a um edifício concebido por um arquiteto. Dá conselhos sobre o que fazer nos casos em que a estrutura pode falhar.

iii. Orçamentista: aconselha o arquiteto no cálculo dos custos dos seus projectos e estima os custos dos projectos de construção do engenheiro.

iv. Gestor de projeto: Enquanto representante autorizado do empreiteiro, mobiliza materiais, bens, instalações e equipamentos para utilização no estaleiro.

Inspectores de fábrica

Trabalham no Ministério do Trabalho, sob a tutela do Secretário de Estado, cuja função é assegurar a alteração da Lei sobre Saúde e Segurança no Trabalho de 1974, etc.

Subcontratante

Assegura o cumprimento de todos os acordos entre mim e o contratante principal, uma vez que a coordenação dos subcontratantes no âmbito do programa global acordado é necessária e complexa.

Fornecedor

i. Certifique-se de que a empresa é capaz de entregar os materiais e cumprir todas as obrigações em condições especiais, como a entrega escalonada de materiais.

ii. Certifique-se de que as amostras enviadas reflectem corretamente a quantidade de artigos em stock.
iii. Assegurar o cumprimento dos prazos de entrega e fazer recomendações, se necessário.
iv. Conceder descontos reconhecidos e abatimentos comerciais.
v. Apresentação atempada das facturas para pagamento.

Como é que a equipa avalia o impacto e as consequências de instruções intempestivas

O arquiteto emite instruções para quaisquer alterações às estruturas do edifício e para alterações aos materiais e à mão de obra. Embora isto provoque um atraso na entrega subsequente, oferece a oportunidade de fazer valer os desvios.

Falta de desenhos

Permite a utilização da estimativa projectada como meio de cálculo dos custos do projeto, e o empreiteiro obtém mais lucro.

Trabalho suplementar e variado

Se o arquiteto aumentar o preço indicado no orçamento para o trabalho do empreiteiro, este tem a possibilidade de fazer as alterações ao arquiteto por escrito, que serão avaliadas pelo orçamento, e o arquiteto deve emitir um certificado para o cliente assinar.

Período de responsabilidade por defeitos

Um período de 6 meses, salvo indicação em contrário no contrato, durante o qual devem ser corrigidos os defeitos, as retracções ou outras deficiências de qualidade da obra ou dos materiais, normalmente enumerados na lista de defeitos do arquiteto. O certificado de conclusão só será emitido quando a obra estiver concluída.

Referências

Bamisile A (2004): Gestão da produção **no sector da construção**.

Foresight Press Limited, Lagos, Nigéria. Primeira edição

Calvert, R. E. (1996), Introduction to building management. Betterworks. [th]5[a] edição.

Forster, G. (1981): Baustellenkunde, Produktion, Verwaltung und Personal. Grupo Longman

Hone, A. (1988): Rede de prioridades Claremont Controls Limited

Portaria n.º 2 (1997) do Conselho de Planeamento Urbano e Regional e da Autoridade de Planeamento Local do Estado de Lagos

Moi Alu et al, (2001): Managing for Excellence Dorling Kindersley Limited, Londres.
W. G. WASH (1975): Brickwork 3 Hutchinson & Co (Publishers) Ltd 3 Fitzroy Square, London WS, quarta edição. Department of the Environment (1990 e 2001): Planned monitoring of construction progress

Moi, Ali et al, - Gestão para a Excelência Dorking Kindersley

Limited, 80 Stand, Londres.

Sobre o autor

Olowoake Mohammed é autor de numerosos livros sobre o ambiente construído e empreiteiro de construção civil de profissão. Tem um doutoramento no domínio do ambiente construído. Atualmente, lecciona no Departamento de Engenharia Civil da Universidade de Ciência e Tecnologia Moshood Abiola, Abeokuta, Estado de Ogun, Nigéria.

Printed by Books on Demand GmbH, Norderstedt / Germany